少儿环保科普小丛书

地球上的江河湖泊

本书编写组◎编

U0243138

中国出版集团公司

世界图书出版公司

广州·上海·西安·北京

图书在版编目（CIP）数据

地球上的江河湖泊／《地球上的江河湖泊》编写组
编. — 广州：世界图书出版广东有限公司，2017.4
ISBN 978 - 7 - 5192 - 2844 - 6

Ⅰ．①地… Ⅱ．①地… Ⅲ．①河流 - 青少年读物②湖
泊 - 青少年读物 Ⅳ．①P941．7 - 49

中国版本图书馆 CIP 数据核字（2017）第 072181 号

书　　名：地球上的江河湖泊
　　　　　Diqiu Shang De Jianghe Hupo

编　　者：本书编写组
责任编辑：康琬娟
装帧设计：觉　晓
责任技编：刘上锦
出版发行：世界图书出版广东有限公司
地　　址：广州市海珠区新港西路大江冲 25 号
邮　　编：510300
电　　话：(020) 84460408
网　　址：http://www.gdst.com.cn/
邮　　箱：wpc_ gdst@163.com
经　　销：新华书店
印　　刷：虎彩印艺股份有限公司
开　　本：787mm×1092mm　1/16
印　　张：13
字　　数：200 千
版　　次：2017 年 4 月第 1 版　2019 年 2 月第 2 次印刷
国际书号：ISBN 978 - 7 - 5192 - 2844 - 6
定　　价：29.80 元

版权所有　翻印必究
（如有印装错误，请与出版社联系）

前　　言

　　我国春秋战国时期的著名学者管子视水为"万物之本源"。他说："水者，何也，万物之本原，诸生之宗室也。"把水作为世界万物构成的根本元素。

　　我们居住的地球素有"水球"之称。无论是在地球表面还是内部，水都是川流不息的。如果把地球比喻为人，那水就是这个"人"的血液。人类主宰整个地球，没有了血液就没有了一切，水给人类的祸福远远超过其他一切自然物，因而成为人类最早产生并延续最长久的自然崇拜之一。

　　原始社会，由于生产力水平极其低下，产生了崇拜自然的原始宗教。对水的崇拜，一方面源自原始人对水的生存依赖意识，一方面出于对洪水等强大自然力的恐惧。特别是当新石器时代来临后，农耕文明成为人类社会的主导。在这个时代，除了天上的太阳、地上的泥土以外，水，就成为人类生存最重要的因素和最强大的自然力。

　　那么，水对人类有什么作用？

　　（1）水对我们的生命起着重要的作用，它是生命的源泉，是人类赖以生存和发展的不可缺少的最重要的物质资源之一。人的生命一刻也离不开水。而对人体而言的生理功能是多方面，而体内发生的一切化学反应都是在介质水中进行。没有水，养料不能被吸收；氧气不能运到所需部位；养料和激素也不能到达它的作用部位；废物不能排除，新陈代谢将停止，人将死亡。因此，水对人的生命是最重要的物质，是生命存在的前提条件之一。

在地球上，哪里有水，哪里就有生命。一切生命活动都是起源于水的。人体内的水分，大约占体重的75%。其中，脑髓含水75%，血液含水83%，肌肉含水76%，连坚硬的骨胳里也含水22%！没有水，食物中的养料不能被吸收，废物不能排出体外，药物不能到达起作用的部位。人体一旦缺水，后果是很严重的。缺水1%~2%，感到渴；缺水5%，口干舌燥，皮肤起皱，意识不清，甚至幻视；缺水15%，往往甚于饥饿。没有食物，人可以活较长时间（有人估计为两个月）；如果连水也没有，顶多能活一周左右。

（2）在现代产业中，没有一个部门是不用水的，也没有一项产品不和水直接或间接发生关系。每个工厂都要利用水的各种作用来维护正常生产，几乎每一个生产环节都有水的参与。农业也是如此，没有水，任何作物都不能生长。

水作为大自然赋予人类的宝贵财富，不是"用之不尽取之不竭"的，这个问题早就被人们关注。据权威人士估计，地球上的储水量达3.85亿立方千米，如果把这些水平铺在地球的表面，那么地球就会变成一颗平均水深达2700多米的"水球"。这些水分布状况如何呢？对我们人类和大自然有什么影响呢？我们如何节约水资源呢？在这个基础上我们编写了《地球上的江河湖泊》这本书，从河流、湖泊、沼泽湿地等方面阐释了以上问题，希望广大青少年朋友在了解河流概况的同时了解水的分布情况及对人类活动和自然的影响。

目 录
Contents

3

4

水的影响

水是生命之源。在地球生命演化的舞台上，扮演主角的是水。现代科学证明，水存在于生命产生之前；地球上的所有生命均诞生于水中。其演化过程是：蒸发到大气中的水汽，在一定条件下与大气中的物质发生化合，然后通过一系列复杂的变化，形成氨基酸、核苷酸、核糖酸和卟啉等与生命休戚相关的物质，这些化合物进入水体后，受到水层的保护，避免了强烈的太阳辐射。继之而来的便是碳水化合物逐渐复杂化的过程，生命由低级逐渐向高级演化。先是在水中生成了植物，后又出现了动物，继而植物登上陆地，为动物登陆创造了条件。

在距今30亿年前的前古生代，即地球的少年时期，古老的海洋形成了，地球上的水循环也开始了。在这往复循环中，生命开始在水中孕育、生发——海洋中的有机"汤"中的蛋白质和核酸，经过长时间的"化学演变"，形成了能诱发自我复制的核酸分子后，便产生了最原始的生命。

在距今5.7亿~2.3亿年的古生代，荒芜单调的陆地开始出现一种与海洋的蓝色相应生辉的色彩——绿色，这意味着，海洋植物开始登陆，接着，几种昆虫及蜘蛛的祖先们也爬上岸来。于是，大地开始热闹起来——海洋生物汇聚，陆上一片葱绿，蜻蜓飞翔，蜘蛛织网。

中生代时期，爬行动物取代无脊动物，恐龙成为地球上威风八面的统治者。到了新生代，出现哺乳动物。哺乳动物进一步进化，其中灵长类的一支进化为古猿。再以后，才出现了人类——这充满智慧和情感的高级动物。可以说，地球从诞生初期的一个荒凉寂寞毫无生机的星球，到万物生长、生机勃勃的世界，水是地球奇迹的真正创造者。

水造就生命以后，还承担着保护生命的重要职责。不仅生命的孕育过程要有水的保护，而且整个生命过程也离不开水的保护。地球依靠水圈，凭借水特有的极大热容量和汽化热，维持适宜生物生存的相对恒定温度，并对生物内的体温起着调节作用。与此同时，水作为自然界中最佳的溶解剂和特有的稳定性，成为生物体内进行新陈代谢的最优良介质。生物依靠水为媒介通过新陈代谢不断与外界进行物质和能量的交换，保持其旺盛的生命力。水的历程造就了生命的历程，却又隐身于生命之内（有相当于全球河流一半的水，流淌在人类和动物的血管里，蕴藏在植物的根茎、叶脉中）。人类是地球生命的最高形式。人猿相揖别，在漫长的进化中，在水的滋养中，作为自然骄子的人类逐渐成为地球的主角，而人类本身的进化也演绎了地球最动人的篇章——创造了劳动工具、文字和城郭等等，学会了继承与发展，把荒凉的地球变成充满壮丽文化之光的诗意星球。

水 对 生 命 的 重 要 性

人是被水创造的，人体平均 75% 是水。胎儿时期 90%，婴儿 80% 以上，成年人 60%～70%，老年 60% 以下。

人体中各器官的水分含量：眼球 99%，血液 83%，肾脏 82.7%，心脏 79.3%，肺 79.%，肌肉 76%，脑 74.8%，皮肤 72%，骨 22%。

当人身体失水 20% 就会致死，所以每天正常时需要喝 1～1.5 升水，补充身体流失的水分。

水占成人体重的 60%～70%，人体平均 75% 是水，地球表面 75% 是水，这难道是宇宙中偶然的巧合吗？民以食为天，食以饮为先。饮食饮食，先"饮"后"食"。水是宏量营养素，没有哪种营养物质能像水一样广泛地参与人体功能。人体的每一个器官都含有极其丰富的水。

生命由细胞组成，细胞必须"浸泡于水中"才得以成活。年轻人细胞内水分占 42%，老年人则占 33%，故此产生皱纹，皮下组织渐渐萎缩。人老的过程就是失去水分的过程。人可以几天不吃饭，但不可以一天不饮水。人体如果失去体重的 15% ~20% 的水量，生理机能就会停止，继而死亡。

人体一旦缺水，后果是很严重的。缺水 1% ~2% ，感到渴；缺水 5% ，口干舌燥，皮肤起皱，意识不清，甚至幻视；缺水 15% ，往往甚于饥饿。没有食物，人可以活较长时间（有人估计为两个月），如果连水也没有，顶多能活一周左右。

水对人体生命的作用，具体作用可总结如下：

（1）人的各种生理活动都需要水。如水可溶解各种营养物质，脂肪和蛋白质等要成为悬浮于水中的胶体状态才能被吸收；水在血管、细胞之间川流不息，把氧气和营养物质运送到组织细胞，再把代谢废物排出体外。总之人的各种代谢和生理活动都离不开水。

（2）水在体温调节上有一定的作用。当人呼吸和出汗时都会排出一些水分。比如炎热季节，环境温度往往高于体温，人就靠出汗，使水分蒸发带走一部分热量，来降低体温，使人免于中暑。而在天冷时，由于水贮备热量的潜力很大，人体不致因外界温度低而使体温发生明显的波动。

（3）水还是体内的润滑剂。它能滋润皮肤。皮肤缺水，就会变得干燥失去弹性，显得苍老。有了水，体内一些关节囊液、浆膜液可使器官之间免于摩擦受损，且能转动灵活。眼泪、唾液都是相应器官的润滑剂。

（4）水是世界上最廉价最有治疗力量的奇药。矿泉水和电解质水的保健和防病作用是众周知的。主要是因为水中含有对人体有益的成分。当感冒、发热时，多喝开水能帮助发汗、退热、冲淡血液里细菌所产生的毒素；同时，小便增多，有利于加速毒素的排出。

（5）大面积烧伤以及发生剧烈呕吐和腹泻等症状，体内大量流失水分时，都需要及时补液体，以防止严重脱水，加重病情。

（6）睡前一杯水有助于美容，上床之前，你无论如何都要喝一杯水，这杯水的美容功效非常大。当你睡着后，那杯水就能渗透到每个细胞里。细胞吸收水分后，皮肤就更加娇柔细嫩。

（7）入浴前喝一杯水常葆肌肤青春活力。沐浴时的汗量为平时的两倍，沐浴后，体内的新陈代谢加速，喝了水，可使全身每一个细胞都能吸收到水分，创造出光润细柔的肌肤。

现代医学证明"人的老化是细胞干燥的过程"。由此可见，水对人的重要性。

水对人类生产生活的影响

许多事物是可以这样做或那样做的，办法总会有的。比如照明，没有电灯，我们可以点蜡烛；没有蜡烛，我们可以点油灯；没有油灯，我们可以点松明火把；连火把也没有，我们只好静静地等待黑夜过去，白天的到来。而对于水就不同了。没有水，我们无法洗脸、刷牙，无法解渴，餐桌上没有了鱼虾，看不到花草树木，不知道什么叫游泳，船舰全部报废，混凝土制不成，高楼无法建，连小娃娃哭也没有了眼泪……

有水走遍天下。人类很早就发现水具有浮力，于是船应运而生，从羊皮充气的筏子，用手划桨的独木舟，借风使舵的漂亮的多桅帆船，到载客千人的豪华邮轮，以核能为动力的航空母舰。水把陆地无情地分隔开来，船却把世界紧密地联系起来。我国明代郑和率领巨大船队七次远航，最远曾到达非洲索马里一带。水路运输比公路和铁路运输便宜，运输量大，平稳，还是不会被炸断的运输线。何况有地方根本修不了路只能靠水运。所以，在运输业中，水运的客运量和货运量都占有很大的比重。水运的发展，繁荣了经济，还使上海、天津、香港、纽约、鹿特丹等港口成了世界级的大城市。

不仅如此，世界文明的发源与水息息相关。两河流域的古巴比伦、爱琴海地区、尼罗河流域的古埃及、印度河流域的古印度及长江、黄河的古代中华，这些古文明中心，在很大程度上都离不开水——河流的巨大作用。

在地球上，哪里有水，哪里就有生命。没有水，食物中的养料不能被吸收，废物不能排出体外，药物不能到达起作用的部位。

无水难成美景。历来的风景名胜之地，多半是以水为主角进行安排的。你看，钱塘江大潮、珠穆朗玛雪峰、庐山的迷雾、黄山的云海、哈尔滨的冰灯，都是水的换景变形。用地质的眼光来看，拔地而起的桂林山峰，鬼斧神工的云南石林，黄土高坡的千沟万壑，雨花石的玲珑剔透，处处都有水的杰出表现。威尼斯、苏州、济南、岳阳因水闻名；杭州西湖、扬州瘦西湖、北京昆明湖、武汉三镇、上海黄浦江、广州珠江等，是水促成了环境美；太湖美，美就美在水。如今，水库、渠道成了人们重要的休憩场所；人造喷泉、报时的水钟，成了最吸引人的景点；游泳、跳水、冲浪、划船是人们最乐意的水上活动。

城市起源于江河流域

自古迄今，人类都是逐水而居，于是在江河之畔率先升起了文明的曙光。对此，有人打了这样一个生动的比喻：对于人类数千年的文明经历，按照生物进化的过程，只不过相当于长距离游水的人，免不了要爬上岸边喘口气，在上岸喘气的过程中，如孩童游戏一般，创造了引以自豪的"岸边文明"。

城市是人类文明发展的象征，早期城市的形成、崛起和发展，衰落、消亡和迁移，都与河流有关。人类总把自己的居住地选择在水系最发达的地方。

北京是我们伟大祖国的首都，3000 多年来，它西倚太行山，北靠燕山，前临坦荡的华北平原，自山西高原流来的永定河在它的身边流过，山环水抱，地理位置十分优越。作为国都有 800 多年的历史。如果从有人类活动遗迹算起，它的历史可以追溯到几十万年前。北京猿人、山顶洞人都在这里生息繁衍。北京的水系发达，地形、地貌、气候、生态等各种条件都适合人类居住建都。在元古代（6 亿～25 亿年前），北京地区是一片汪洋大海，考古人员曾在这里发掘出大约 10 亿年前的蓝藻化石，这是海洋里特有的物种。后来发生了剧烈的造山运动，被称为"燕山运动"，强烈的地壳运动和火山喷发使燕山和太行山逐渐隆起，北京地区形成了西北高、东南低的地貌格局。西部有太行山脉，北部有燕山山脉，俯瞰北京地区，它就像一个"海湾"。这种地貌为河流的发育打下了良好的基础。

洛邑（今洛阳）为历代王朝重要的定都之所，其原因也与它地当中原与关中咽喉，大河东流，伊、洛、涧、灞四水萦绕，地理位置优越密不可分。

武汉地处长江中游，当长江、汉水汇流之冲。明代前，汉口与汉阳连成一片，当时汉口位于汉水入江口的三角洲，境内一片沼泽荒滩。后来汉水改道，汉口由汉水改道初期的"茫茫汉水放江流，西岸芦花泊钓舟"的荒凉景色，一跃成为全国的四大商业名镇之一。进入近代，水运交通工具的改进及汉口沿江地带优越的建港条件，更刺激了汉口的发展。现在，武汉三镇已成为我国中原地区最大的经济中心。

缘河而生的华夏文明

滔滔黄河，莽莽长江，为中华民族博大精深的文化注入了不竭生机，并构成了华夏民族高峰迭起，绵延不断，风格卓异而向全人类展现东方智慧无穷魅力的水域文化。水不仅成为孕育了辉煌灿烂的古代文明的重要方面，也对现代文明的构建和发展产生了不可低估的影响。

在我们民族的五六千年文明悠久历史长河中，我们仅仅能清楚认识到的是从秦后的仅两三千余年的社会历史，我们对历史的认识是极其浅薄的，其时间是十分短暂的。我们各类的社会、历史、考古、语言学家对史前文明无籍可查，对4000～5300年的良渚文化仅仅是从田野考古发上的一种表面认识；我们对我们古老祖先的生活方式、生产力水平、社会状态、语言文字等文化情况、生活区域、活动范围、聚落往来的认识是极其模糊的。

华夏文明就是一种水文化，华夏民族是以一种以水域为基本生存环境的。水，是人类的最佳生存环境，水域动植物是人类天然的衣食父母，水域养育了一代又一代运河子孙即华夏子孙。水中的动植物，是我们华夏文明源头的天然所御食物，现代人类生存的谷物在人类历史上只有几千年，与人类以水中动植物资源为主要食粮的几十万年、上百万年的历史是极其短暂的一个瞬间。

北京曾经是水城

大约距今 1 万年前,东胡林人是北京地区新石器时代的早期代表,他们已经离开山洞,进入这片冲积平原活动了。在距今 4000～7000 年之间,北京地区出现了农耕。考古人员在北京周边不少地区均发现过早期农耕和渔猎的遗迹。在这块冲积平原上最早建城的要算琉璃河商周古城遗址,这是在北京西南的房山区发现的西周初燕国都遗址,算起来,到今天已有 3000 多年了。但那时还没有出现"城"的形态,只不过是些类似于村子的人类聚居地。后来城市出现,城市对水的需求也随着人口的增加而增大。好在当时没有工业,人类对水体的污染都是生活产生的。水不含毒素,人口数量也不过几千、上万,而河流的自然净化能力比较强,水质没有因为人类活动而发生明显变化。

除了生活用水之外,古代的城市河道还担当着一个重要的任务:运输。古时道路运输不发达,车辆只能承担几百千克的运载货物量,而船的结构简单,载重量达到 1 吨甚至达到十几吨,即使是百余吨在技术上也可行。河道就是"公路",更方便的是它不需要人工建设与维护。河道一般也比较长,发源于山地,流入大海,几十、几百、几千千米的河道很常见。大载重量的长途运输可以凭借河流完成。因此古时北京的运输不仅利用天然河道,后来还开挖了人工运河和水渠。北京成为大都市后,由于商业发达,漕运船队源源不断地将粮食及消费品沿着河道运来。几百年前的北京近乎水城威尼斯。许多地名现在仍保留着当时水乡的记忆,如三里河、南河沿、北河沿、甜水园、海淀、沙滩、某某洼、某某沟、某某桥等。北京地下水曾经也很富足。在由永定河、潮白河冲积而成并向东南倾斜的平原下,其实是一个充满了孔隙水的巨大"地下水库"。20 世纪 50 年代,北京市地质工程勘察部门查明北京的泉水共有 1347 眼,可以说北京城是傍泉而生,在某种意义上也可称为"泉城"。早年的北京,挖地三尺就有水,这种浅土井俗名叫"井窝子"。北京西山的诸多泉水曾因水质清纯而被历代帝王指定为宫廷用水。

气候变化对水的影响

研究表明，全球气候变化将增大许多国家洪涝和干旱灾害发生的风险，将继续对各国自然生态系统和经济社会系统产生负面影响，对水资源供需、森林和草地生态系统、沿海地区等的影响更为显著。那么，水安全将受到怎样的挑战，我们将如何应对？

专家说：第四次 IPCC 的评估报告基本上认为，人类的活动是近 50 年来气候变暖的主要因素。气候变暖会使大气水循环的速度加快。大气水循环速度加快之后，更容易产生一些气候极端事件。例如暴雨、干旱、台风等，同时极端天气事件的频率和强度都有可能增大。

水对气候具有调节作用。大气中的水汽能阻挡地球辐射量的 60%，保护地球不致冷却。海洋和陆地水体在夏季能吸收和积累热量，使气温不致过高；在冬季则能缓慢地释放热量，使气温不致过低。

专家指出，气候变化对水安全的影响有四个大的方面：

首先是供水安全，就是有没有足够的水给人们用。过去的 30 年来，由于人类活动和气候变化的共同影响，我国北方的河流径流量大大减少。海河流域降水减少 10% 左右，径流量减少 40% ~ 60%。在黄河中游减少 30% ~ 40%，以人类活动的影响为主。

第二是洪水安全，气候变化使洪水发生的概率增大。气温增高，大气保持水汽的能力加强，遇到冷空气就容易产生强降雨，一些局部性的暴雨有可能增多加强。还有全球变暖使冰山融化，导致海平面上升，将使得沿海地区的防洪形势进一步严峻。

第三是水环境和水生态安全。气温升高之后，对水体生物的生活环境会产生影响，水体生物的分布会发生变化；水体容易产生蓝藻、富营养化等问题，再加上降雨减少，径流减少，对水的稀释能力变小，自净能力减弱。

第四是水工程安全。一是全球变暖使得洪水的强度和频率发生变化。二是气温的升高，影响工程材料的耐久性。

面对气候变化对水带来的影响，各国应该采取各项措施积极应对。在防洪方面，加强了防洪工程体系和非工程体系的建设，加大了对江河堤防体系和海堤建设的投入。

水 是 农 业 的 命 脉

中国是古老的农耕国度，千百年来，靠天吃饭一直是主旋律，但天有不测风云，"雨养农业"着实靠不住。于是，古人便"因天时，就地利"，修水库、开渠道，引水浇灌干渴的土地，从而开辟出物阜民丰的新天地。2000多年前，李冰修建都江堰，引岷江水进入成都平原，灌溉出"水旱从人"、"沃野千里"的"天府之国"，至今川西人民仍大受其益；20世纪60年代，河南林县人民建成红旗渠，引来漳河水，从此在红旗渠一脉生命之水、幸福之水的滋润下，苦难深重的林县人民摆脱了千百年旱渴的折磨，走上了丰衣足食的富裕之路。

种子播入农田，土壤中要有一定的含水量，使种子体积迅速膨胀，外壳破裂，与此同时，子叶里储藏的营养物质溶解于水，并借助水分转运给胚根、胚轴、胚芽，使胚根生长发育成根，胚轴伸长拱出土面，胚芽逐渐发育成茎和叶，这样，种子才能萌发成幼苗。要使幼苗茁壮成长，开花结果，仍要给予充分的水分。植物体依靠根毛从土壤中吸收水分与养料，通过导管输到其他器官。叶子通过叶绿体，利用光能把二氧化碳合成有机物，它不仅供植物本身的需要，还为人类提供了食物，为工业提供了原料。叶子蒸腾水分，既可降低叶片温度，同时也促进水分及溶解于水中的养分上升至叶片，加速其新陈代谢的过程。

由此可见，植物生长发育均要有相应的水量供给。如若土壤中水分不足就要予以灌溉补充，否则将影响其发育或造成植物枯萎，甚至死亡。土壤水分与土壤中腐殖质一样，是代表土壤肥力的基本要素之一。土壤的植物生产力，很大程度上与土壤的水分有关。

用手抓一把植物，你会感到湿漉漉的，凉丝丝的，这是水的缘故。植物含有大量的水，约占体重的 80%，蔬菜含水 90%～95%，水生植物含水 98% 以上。水替植物输送养分；水使植物枝叶保持婀娜多姿的形态；水参加光合作用，制造有机物；水的蒸发，使植物保持稳定的温度不致被太阳灼伤。植物不仅满身是水，而且一生都在消耗水。1 千克玉米，是用 368 千克水浇灌出来的；同样的，小麦是 513 千克水，棉花是 648 千克水，水稻竟高达 1000 千克水。一籽下地，万粒归仓，农业的大丰收，水立下了不小的功劳！

虽然水对农业有着不可替代的作用，但是农业生产对水环境也有着极大的负面影响，主要包括两个方面。①由于农业灌溉和农药使用以及养殖而增加的生命需水和冲刷洗涤用水，即水资源的消耗损耗水；②由于农业污染的增加，减少了可利用水量，减少了水资源的环境容量，造成了水资源的进一步短缺和水污染程度的加重，即水资源的破坏和污染。前者具有消耗性，后者具有污染性。随着灌溉面积的扩大和保证农产品丰收的需求，农业灌溉需要越来越多的水资源。目前，农业用水仍占全国总供水量的 70%；随着各类农药的大量应用和品牌的不断更新换代，农药的拌和、稀释用水也不断增加；而规模化养殖业的发展壮大和屠宰场点的启用，使养殖用水大幅度地增加，所有这些，一方面，共同扩大了水资源的需求量；另一方面，同时也扩大了水污染的范围和程度，进而既减少了水资源的可储存量、又减小了水环境容量，加剧了水资源的短缺和污染程度。

农业生产对水环境的污染，主要是来自化肥、农药和农膜的不合理使用，畜牧养殖业的排污，土地利用结构的不合理，农作物秸秆（副料）的废弃或不合理利用以及灌溉用水的过量所造成的。

水是工业的血液

水，参加了工矿企业生产的一系列重要环节。在制造、加工、冷却、净化、空调、洗涤等方面发挥着重要的作用，被誉为工业的血液。例如，在钢铁厂，靠水降温保证生产；钢锭轧制成钢材，要用水冷却；高炉转炉的部分烟尘要靠水来收集；锅炉里更是离不了水，制造 1 吨钢，大约需用 25 吨水。水在造纸厂是纸浆原料的疏解剂、解释剂、洗涤运输介质和药物的溶剂，制造 1 吨纸需用 450 吨水。火力发电厂冷却用水量十分巨大，同时，也消耗部分水。食品厂的和面、蒸馏、煮沸、腌制、发酵都离不了水，酱油、醋、汽水、啤酒等，干脆就是水的化身。

水具有多种性能，它既是生产饮料、食品加工的原料，又能起溶解、洗涤、调温的作用，还可作为动力。水在工业中的作用概括起来包括：①作为原料（饮料、制冰、电解水）；②蓄热（锅炉水、蒸气）；③冷却水（发电机冷却水）；④洗涤用（清洗工业加工品、稀释污水）；⑤工艺用水（溶解糖浆、造纸用水）；⑥空调用水（纺织厂车间调整温度湿度用水）；⑦水力（水电站、水力采煤）。一些耗水量特大的企业，水源条件往往成为选厂址的最关键因素。

著名的河流

"山性使人塞，水性使人通"，水的另一个最重要的功能是使人类享有舟楫之利。发达的交通，是经济繁荣、社会进步的先决条件。借水行舟，水路既便捷又经济。自然水道满足不了需求，人们还要想法设法开凿运河以济运，纵贯南北的中国京杭大运河便是典型。世界上有数不清的河流、湖泊，它们像闪光的项链和名贵的珠宝镶嵌在地球这颗美妙和神奇的星球上。潺湲的溪流，汹涌的江河，悬空的瀑布，平静的湖泊，自远古以来就和人类结下了不解之缘。它们点缀着人类的生活，给人们带来遐想、欢乐和盎然的情趣。而一些奇特的河流、湖泊更以其绮丽的身姿和丰富的蕴藏，引起人们的极大兴趣和探索的热情。世界之大，无奇不有，无数新的自然之"谜"等待着我们去寻求，去探索。

世界第一大河——亚马孙河

亚马孙河是世界上流域面积最广、流量最大的河流，被称为地球上的"河流之王"。

亚马孙河位于南美洲北部，发源于安第斯山脉。上源乌卡亚利河在秘鲁境内，从发源地先向北流，辗转迂回，奔腾在高山峡谷之中，再劈山破岭，冲出山地，转折向东，流淌于广阔的亚马孙平原上，最后在巴西的马腊若岛附近注入大西洋。全长6480千米，长度仅次于尼罗河而居第二位。

但据美国地质学家在 1980 年实地测量，亚马孙河全长应是 6751 千米。它实为世界第一长河。

亚马孙河不仅源远流长，而且支流众多。它的大小支流在 1000 条以上，其中长度超过 1500 千米的有 17 条，是世界上水系最发达的河流。它的流域面积达 700 万平方千米，约占南美洲总面积的 40%，是世界上流域最广的河流。

亚马孙河流域内，大部分地区的年降水量达 1500～2000 毫米。干流所经地区，降水季节分配比较均匀。而南、北两侧支流地区，雨季正好相反，北部为 3～6 月，南部为 10 月～次年 3 月。加上安第斯山脉雪峰的冰雪融水，亚马孙河的水源终年供应充沛，

亚马孙河食人鱼

洪水期流量极大，河口年平均流量达 12 万立方米/秒，每年泄入大西洋的水量有 3800 亿立方米，占世界河流总流量的 1/9，相当于我国长江流量的 4 倍，非洲刚果河流量的 3 倍。在远离河口 300 多千米的大西洋上，还可以看到亚马孙河那黄浊的河水。

亚马孙河也是世界上最宽的河流。在一般情况下，上游宽为 700 米，中游 5000 米以上，下游达 2200 米，河口处更宽达 320 千米。由于亚马孙平原地势低平坦荡，河床比降小，流速很缓慢，每到洪水季节，河水排泄不畅，常使两岸数十千米至数百千米的平原、谷地，连成汪洋一片，亚马孙河因此而获得"河海"的称号。

地球上许多大河都有三角洲，而世界上最大的河流亚马孙河却没有三角洲。主要原因有：①亚马孙河口是圭亚那暖流流经的海区，缺乏稳定的沉积环境，河流所携带的大部分泥沙被沿岸海流带走。圭亚那暖流是大西

洋的北赤道暖流遇到南美大陆后，分支形成的北支洋流。其大部分海水由东南向西北从亚马孙河口的沿岸流过；另一部分海水在亚马孙河口离岸东流，形成赤道逆流。圭亚那暖流的沿岸和离岸流动相对增大了河流入海后的流速，增强了河水的携沙能力，造成了河口泥沙无法沉积的环境；同时，又把含有大量泥沙的黄浊河水，带到了离岸数百千米的大西洋中。②河口区原始水体深，地壳下沉，不利于三角洲的形成。亚马孙河口海水深，没有广阔的浅水区，滨海区大陆架狭窄而陡峻，并且，目前正处于下沉阶段，因此，没有出露三角洲。另外，南美大陆东部海岸线平直，又缺少岛屿，大西洋的波浪和海流可直抵海岸；而亚马孙河河口宽阔，大西洋的海潮能够上溯到大陆内部1000多千米，在强大的波浪和潮流的作用下，亚马孙形成了喇叭状的三角港。

亚马孙大涌潮也可堪称世界涌潮之最，当涌潮出现时，其形、其景、其声，真是"壮观天下无"。

亚马孙大涌潮波高4~5米，时速达20多千米，溯河而上1000多千米。当人们有幸亲临这一奇观时，在一阵阵震耳欲聋的巨大响声之后，放眼望去，宽达12千米的涌潮在河口尽头的马腊若岛附近骤起，随之浊浪排空，发出令人毛骨悚然的轰鸣，排山倒海似的向上游

亚马孙河

涌来，真有"声驱千骑疾，气卷万山来"的磅礴气势，使人惊惧不已，久久难以平静。比起英国塞文河的马斯卡雷特涌潮、印度的恒河潮和我国的钱塘潮来，无论波高、时速还是上溯距离，亚马孙大涌潮都胜一筹。

亚马孙河中的鱼类极为丰富，仅鲶鱼就有500多种。亚马孙流域的热带雨林为世界之最，约占世界森林总面积的1/3。在盘根错节的草木之中，有着罕见的珍禽异兽——有大到可以捕鸟的蜘蛛，有种类比别处繁多的蝴蝶，还有差不多占世界鸟类总数一半的各种鸟。

亚马孙河还保留着世界上鲜为人知的许多秘密。大量的神话传说告诉人们，数不胜数的片片未被开发的原始森林里，到处都是带毒的虫子和凶猛、狠毒的野兽。1970年，巴西政府开始利用空中摄像和遥感技术对亚马孙河流域进行勘探发现，在翁郁树木的华盖之下，还奔流着一条长640千米、从未被发现过的亚马孙河支流。

亚马孙河有一个具有神秘色彩的人类世界，其中生活着的许多部落，古风犹存，极少受现代生活的干扰。他们捕猎野生动物，以弓箭捕鱼，种植甜瓜。随着外界的渗入，今天部落中古朴的生活方式正在逐渐改变。然而，某些偏远的部族尚很少为人涉足，更何况那密林深处未被发现的部落。

亚马孙河水系具有非常优越的航运条件。它河宽水深，比降很小，而且主要河段上没有瀑布险滩，并可与各大支流下游直接通航，形成了庞大的水道系统。3000吨的海轮沿干流上溯，可达秘鲁的伊基托斯，7000吨海轮可达马瑙斯，整个水系可供通航的河道总长达2.5万千米。但是，富饶的亚马孙流域尚没有很好的开发，这里的人口稀少，没有铁路。公路也很少，船是人们生活的场所，住宅、商店和学校都设在船上，连集会、婚礼和葬仪也都在船上进行。在陆地上较高的地方，才有稀疏的村落分布。

流域内的8个国家曾制定了合理开发流域自然资源的计划，正在建立公路网、飞机场、水电站等。不久的将来，亚马孙河流域也将成为人类文明的新区。

南北气候过渡带——淮河

淮河，是中国七大江河之一，流域面积跨豫、皖、苏、鲁4省的182个县、市，约27万平方千米，有1.3亿人口，近2亿亩（1亩≈666.7平方米）耕地。淮河流域本来是一个航运畅通，灌溉便利，两岸沃野千里的好地方，民间曾流传着"走千走万，比不上淮河两岸"的谚语。但是在1194～1494年间，黄河曾经先后两次决口，改道南下，抢占了淮河河道，与淮河合流共同东流进入黄海。在这期间，黄河带来的大量泥沙，把淮河的河床，特别是下游的河床，淤得高高的。可是到了 1855 年，黄河重新回到北面，流入渤海，而这时的淮河，因为黄河回到北面去了，水量少了，没有力量把淤积的泥沙冲走，原来淮河的出海河道就变成了一条干涸的高出地面的沙堤，堵塞了淮河的出海通道。从此以后，淮河就不能直接向东流入黄海，只能转弯抹角，向南流入长江，借道流入东海。

淮河干流发源于河南省南部的桐柏山，东流经过河南、安徽，到江苏省注入洪泽湖，然后由三江营入长江，全长约 1000 千米，流域总面积 18.7 万平方千米，它北面汇集了颍、涡、浍、沱等支流，南面又有许多水量丰富的支流加入。淮河长度虽只及黄河的 1/5，水量却等于黄河的 2/3。

淮河流域地处我国南北气候过渡带，属暖温带半湿润季风气候区，其特点是：冬春干旱少雨，夏秋闷热多雨，冷暖和旱涝转变急剧。年平均气温在 11℃ ~ 16℃，由北向南，由沿海向内陆递增，最高月平均气温 25℃ 左右，出现在 7 月份；最低月平均气温在 0℃，出现在 1 月份；极端最高气温可达 40℃ 以上，极端最低气温可达 −20℃。

淮河流域多年平均降雨量 911 毫米，总的趋势是南部大、北部小，山区大、平原小，沿海大、内陆小。淮南大别山区潢河上游年降雨量最大，可达 1500 毫米以上、而西北部与黄河相邻地区则不到 680 毫米。东北部沂蒙山区虽处于本流域最北处，由于地形及邻海缘故，年降雨量可达 850 ~ 900 毫米。流域内 5 月 15 日 ~ 9 月 30 日为汛期，平均降雨量达 578 毫米，占全部年降雨量的 63%。

俄罗斯第一大河——叶尼塞河

俄罗斯第一大河——叶尼塞河，水量、水能资源均居首位，长度若以色楞格河为源也居首位。有两条源流，一是大叶尼塞河，一是小叶尼塞河。两河于克孜勒附近汇合后称叶尼塞河。叶尼塞河干流从南向北流，最后注入喀拉海的叶尼塞湾。流域面积 258 万平方千米，总落差 1578 米，平均比降 0.41 米/千米，河口多年平均径流量 6255 亿立方米，平均年输沙量 1240

万吨，年平均流量高达
19600 立方米/秒。从大叶
尼塞河和小叶尼塞河的汇合
处（在图瓦盆地中心的克
孜尔城附近）算起，长
3487 千米；以大叶尼塞为
源，河长 4086 千米；若以
小叶尼塞河为源，则河长
4044 千米；从色楞格河的
源头（源自蒙古北部）起

叶尼塞河

算，长 5540 千米。小叶尼塞河发源于唐努乌拉山脉，大叶尼塞河发源于东
萨彦岭的喀拉·布鲁克湖。

17

流量比尼罗河大的刚果河

　　刚果河是非洲和世界著名的大河，
源自赞比亚北部高原东北的谦比西河，
最后注入大西洋。刚果河流域的水能蕴
藏量居世界首位，占世界已知水力资源
的 1/6。刚果河全长约 4640 千米，为非
洲第二长河。流域面积约 370 万平方千
米，年平均流量为 41000 立方米/秒，最
大流量达 80000 立方米/秒。刚果河发源
于东非高原，干流流贯刚果盆地，呈一
大弧形，两次穿过赤道，最后沿刚果
（金）和刚果（布）的边界注入大西洋，
总体流向自西向东。其中 60% 在刚果民
主共和国境内，其余面积分布在刚果共

刚果河

和国、喀麦隆、中非、卢旺达、布隆迪、坦桑尼亚、赞比亚和安哥拉等国。河口年平均流量41800立方米/秒，年径流量13026亿立方米，年径流深342毫米。其流域面积和流量均居非洲首位，在世界大河中仅次于南美洲的亚马孙河，居第二位。在非洲其长度仅次于尼罗河，而流量却比尼罗河大16倍。

因流域面积大，支流众多，流域处于热带雨林气候区，降水丰富，致使刚果河流量丰富，但刚果河的河床内有多处急滩和瀑布，阻碍了航运的发展，目前只能分段通航；且径流季节变化小（因地处热带雨林气候区，降水分配均匀）；含沙量小（流经湿润茂密的热带雨林地区）；落差大。

连结中朝友谊的纽带——鸭绿江

"雄纠纠，气昂昂，跨过鸭绿江"，这雄壮的歌声，在20世纪50年代初曾激励了千千万万的中国英雄健儿扛起枪杆，冒着炮火跨过滔滔的鸭绿

鸭绿江

江水，奔赴朝鲜，抗击美国侵略者，保家卫国，与英勇的朝鲜人民结下了牢不可破的深厚友谊。

鸭绿江发源于长白山的主峰白头山。白头山峰顶的天池是东北有名的"三江之源"。天池北侧有一垭口，湖水从这里溢出，形成68米高的瀑布，这便是鸭绿江的源头。鸭绿江干流全长795千米，流域面积6.4万多平方千米，流经我国的吉林、辽宁两省和朝鲜的两江道、慈江道和平安北道，流域面积为64470平方千米，中朝境内各占一半左右。

鸭绿江的得名，一般认为是因水色绿似鸭头，这其实是一种讹误，因为鸭绿江水并不是绿色，而是蓝色。"鸭绿"一词产生于隋代，它不是汉语词汇，而是靺鞨语词汇的汉语音译写形式。隋代鸭绿江流域居住着黑水靺鞨族，今天这个民族已发展为满族，其语言也已发展为满语。在满语中，"鸭绿"有两种解释，一是"鲮鱼"，二是"地边"。由于鲮鱼不是鸭绿江特产或盛产，因此不可能以它命名。但鸭绿江确实处于陆地的边缘，是"地边的江"，所以鸭绿江以座落地边而得名。

鸭绿江沿江为典型的大陆性气候，冬季寒冷，夏季温暖。鸭绿江上下游自然条件相差很大，7月份平均气温上游为18℃~22℃，中游为23.2℃，1月平均气温上游为−22℃~−17℃，中游为−15.9℃~−14.8℃，历年12月初至翌年4月中为江面冰封期，不能通航。由于位在丛山之中且离海洋不远，因此雨量充沛；降雨集中在6~9月，充足的雨水使针叶树和落叶树生长茂盛。森林为野生动物提供安全的栖息地，兽类有野猪、狼、虎、豹、熊和狐狸，鸟类有雷鸟、雉鸡等，河中鲤鱼和鳗鱼甚多。

鸭绿江流域山地多，森林资源、地下矿藏和野生动植物资源都十分丰富，是我国重要的木材生产基地之一，驰名中外的"关东三宝"——人参、貂皮、乌拉草就出产在这里。沿江一带土壤肥沃，气候湿润，雨量充沛，沿江可耕地约8.9万公顷（22万亩），下游的主要作物为水稻，在中、上游山区种植玉米、小米、大豆、大麦、甘薯和蔬菜等农作物，是当地主要的粮食产区，素有东北的"小江南"之称。鸭绿江水量比较丰富，主要由夏秋降雨补给，春季洪水由积雪溶化而成。江水碧绿清澈，游鱼可数，水中含沙量很少。由于冬季水浅和封冻，航运不甚发达，一年之内有4~5个月不能通航，其余时间仅在水丰水库上、下游有少量船只通行。

鸭绿江流经多山地区，河谷狭窄，坡降大，全河总落差达 2400 米以上，流域内降雨量较大，水力资源十分丰富，沿江有许多良好的建坝地址和施工场所，开发条件好。鸭绿江的水利资源开发以发电为主，结合防洪灌溉、航运流筏等综合利用。

东南亚的众水之母——湄公河

湄公河的上源是澜沧江，发源于我国青藏高原海拔 5000 千米以上的高山区，进入中南半岛后，叫湄公河。澜沧江和湄公河总长约 4500 千米。湄公河长约 2650 千米，流域面积为 65 万平方千米，为东南亚最重要的国际河流。

湄公河大致由北往南，流经缅甸、老挝、泰国、柬埔寨和越南，注入南海。湄公河沿岸各国人民世代辛勤劳动，创造了古老而光辉灿烂的文化，流域内有著名的丹松石刻洞文化，洞里萨湖的西北面，有闻名世界的吴哥古迹。

湄公河

湄公河的名称源自泰语"迈公"，意思是"众水汇聚之河"，或"众水之母"。引申起来，又有"希望之母"和"幸福之母"的意思。湄公河哺育了两岸的人民，带来了丰富的农、林、牧、渔资源，难怪人们对它具有深厚的感情了。

湄公河分为上、中、下游和三角洲四段。

从中、缅、老三国边界到万象，是湄公河的上游，长约 1000 千米。这一带地形起伏很大，形成许多激流和瀑布，沿岸长满葱绿的森林。开始300多千米，河身曲折而狭窄，多深邃的峡谷。经常出现悬崖峭壁，急流浅滩。山青水碧，人烟稀少，野兽出没，常有象群到河中戏水。往东，山势逐渐降低，但到了甘东峡谷，两岸又是悬崖插天，幽深的河谷只有在中午时才能见到太阳。过了琅勃拉邦，两岸又是一片原始森林，参天巨树高达50米以上，林间长满了稠密的竹子和羊齿植物。

从万象到巴色是湄公河中游段，长约700千米。在沙湾拿吉以上，地势平坦，河谷宽广，水流平静，全年可以通行200吨的轮船；沙湾拿吉以下，河谷穿越丘陵，有许多岸礁和浅滩，河床陡降，出现全河最长的锦马叻长滩，河水奔腾汹涌，波涛翻滚，急流总长85千米。

从巴色到金边是湄公河下游段，长约500千米，河流流经起伏不大的准平原上，海拔不到100米，河身宽阔多汊流。在一些残丘、小丘紧夹或横贯河道的玄武岩脉等地段，构成了许多险滩激流。老挝、柬埔寨边境附近的康瀑布宽达10千米，高21米，河水汹涌澎湃，是全河最大的险水段。桔井以下，湄公河展宽加深，水流缓慢，有许多沙洲、河曲和小湖沼。磅湛以下，原是一个海湾，经过泥沙长期沉积，成为古三角洲，海拔不到10米，最后剩下的水体叫洞里萨湖，湄公河借助于洞里萨河与洞里萨湖连接起来，在洪水期河水从湄公河流入湖中，平水位时则由洞里萨湖流入湄公河，这样，洞里萨湖就成了一个天然水库，起着调节湄公河下游水量的作用。这一带丘陵与平原上，有郁郁苍苍的橡胶林、咖啡园和胡椒园，田野上到处可见到世界少有的糖棕。

金边以下到河口，湄公河长300多千米，是新三角洲。这里河道分支特别多，湄公河在金边附近，形成"四臂湾"，接纳了洞里萨河后，先分为前江和后江两大支流，平行流经越南南方，又分成六大支流、九个河口，倾泻入海。这里的河水，随着干、湿季的变换，时清时浊，时缓时急。当它波涛翻滚，咆哮流泻时，状如巨龙，越南人民叫它九龙江。无数汊流，加上人工渠道，构成了一个交错密布的水网，岸边水椰子高耸挺秀，一派热带水乡风光。这里由于地势低洼，排水不良，形成许多沼泽地。新三角洲面积4.4万平方千米，海拔不到2米，地势坦荡，稻田、鱼塘和果园，一望无际，是个鱼米之乡。

湄公河巨型鲶鱼

湄公河每年入海水量平均约 463 亿立方米，水位变化很大，金边的洪峰和枯水位相差 10 米左右。5～10 月，正值雨季，是最大汛期；秋后干季来临，流量减少，相差达 60 倍。

湄公河的水力资源很丰富，蕴藏有 1000 万千瓦水力，许多峡谷地形有利于建设水电站。3000 吨的轮船从海口沿着九龙江溯江而上，可以直达金边。

有特色的河

　　打开地图，那一条条粗粗细细、弯弯曲曲的蓝色的河流标记随处可见，可你是否知道，其间，可有不少奇异的河流！有的河流散发着芳香，有的河流好像放了砂糖，有的河流喝上一口就会让你口舌溃烂等，这是为什么呢？让我们共同去探讨一番吧！

彩鸟栖息之河——乌拉圭河

　　乌拉圭河一词源自当地的瓜拉尼语，意为"彩鸟栖息之河"，位于南美洲东南部，发源于巴西南部海岸的马尔山脉西坡，源流名叫佩洛塔斯河，在与卡诺阿斯河相汇后始称乌拉圭河。河流先自东向西流，在巴西与阿根廷交界处突然折向南，而后自北向南流，在阿根廷首都布宜诺斯艾利斯以北叫拉普拉塔河，向东南流，最后汇入大西洋。干流全长 1600 千米，流域面积 24 万平方千米。乌拉圭河是一条国际性河流，上游在巴西南里奥格兰德州（巴西最南端）和圣卡塔琳娜州境内，中游为巴西与阿根廷的界河，下游是阿根廷与乌拉圭的界河。乌拉圭河上游为丘陵地带，河流在深切的 V 形峡谷中穿行。该地区属于巴拉那沉积区。河道险滩、瀑布密布，经常出现大拐弯。中、下游河道地势较低，海拔 250 米左右，水流平缓。乌拉圭河及其支流构成了巴西最南部、阿根廷最东部和乌拉圭西部稠密的水道网，水量充沛，水力资源丰富。乌拉圭这个国名就来自乌拉圭河，全称为乌拉圭东岸共和国。

梯级电站众多的河流——红水河

在我国的西南地区，那红色的土壤，苍翠的高山，陡峻的峡谷，奔腾的激流，还有火红的木棉花，都给人留下不可磨灭的印象。

在这美丽的红色土地上，有一条水色红褐的河流在静静地流淌，它就是红水河。

红水河发源于滇东沾益县的马雄山，流至滇、黔、桂三省区交界处，东流成为黔、桂两省区的界河，到贵州望漠县与北盘江汇合后始称为红水河，至象州县石龙镇三江口止，全长 659 千米。在三江口与柳江汇合后则称为黔江，直到桂平，长约 123 千米。泛指的红水河是从南盘江的支流黄泥河口到桂平，全长 1049 千米，流域面积 19 万平方千米。

红水河是珠江流域西江水系的干流，它的水能资源蕴藏极为丰富。上游南盘江长 927 千米，总落差为 1854 米，与北盘江汇合称红水河后，长 659 千米，落差为 254 米。红水河的长度虽远不如黄河，但平均水量却是黄河的 1.4 倍。红水河不仅水量丰富，而且急滩跌水不

红水河风景图

断。自天生桥梯级正常蓄水位 780 米至大藤坝直线天然枯水位 23.05 米，共有落差 756.5 米。尤其是天生桥至纳贡一段 14.5 千米，集中落差达 181 米，天峨附近河段达 50 米/千米。红水河不仅水量丰富，落差很大而且集中，因此具有修建高库大坝的有利地形，工程地质条件和技术经济指标都很优越，红水河是我国进行水电梯级开发的重要基地之一。

早在 20 世纪 50 年代，我国就开始了对红水河流域水电资源的调查和开发研究；80 年代，将红水河水电开发提到了十分重要的位置，提出了以发电为主，兼顾防洪、航运、灌溉、水产等综合利用的开发方针。1981 年国家能源委员会和国家计划委员会通过了《红水河综合规划报告》，提出了南盘江、红水河段分十个梯级进行开发，建设天生桥一级、天生桥二级、平班、龙滩、岸滩、大化、百龙滩、恶滩、桥巩、大藤峡 10 座水电站，加上南盘江支流黄泥河的鲁布革电站，共 11 座，总装机容量 1313 万千瓦，年发电量 532.9 亿千瓦时。到 1994 年底止，在 11 个梯级电站中，已建成发电的有鲁布革、岩滩、大化一期、恶滩一期、天生桥二级等 5 座电站。

天生桥一级是南盘江、红水河梯级开发的龙头电站。在高峻陡峭急流的峡谷河段，从 1991 年开工，修筑一座高 178 米，坝顶长 1137 米的面板堆石坝。大坝建成后，将形成一座长 127.5 千米，水面 176 平方千米的山间巨型水库，总蓄水量达 102.5 亿立方米。1994 年底天生桥一级电站也实现安全截流。天生桥二级电站是一座低坝长引水隧洞的电站，它利用河湾集中 181 米的水头引水发电。该电站最艰巨的工程是引水隧洞，从首部引水口至下游发电站，穿过高 400 米的山体，开凿三条直径为 9.7 米和 10.8 米，平均长 9.55 千米的隧洞。首部重力坝长 470 米，水库总库容 0.26 亿立方米。电站第一台机组已于 1992 年 12 月投产发电。岩滩电站坝高 110 米，坝顶长 525 米，水库总库容 33.5 亿立方米。1985 年开工，1987 年 11 月截流，1992 年 9 月第一台机组投产发电，1994 年全部建成。龙滩水电站位于龙滩两岸高山峡谷中，水库总库容 272.7 亿立方米，它是红水河最大的一座梯级电站，也是仅次于长江三峡电站我国修建的第二大水电站。

红水河上的这 11 座水电站，好比一串璀灿的明珠，当它们全部建成后，将放射出举世瞩目的光彩。对于改善红水河流域的航运灌溉状况，振兴西南经济，解决西南地区能源紧张的矛盾具有十分重要的意义。

25

中国最长的内陆河——塔里木河

在我国西北荒漠地区，蜿蜒流动着一条自西向东横贯于新疆大地的河流，它就是我国最长的内陆河，也是世界上最大的内陆河流之一的塔里木河。

我国西北广大干燥区，降水量小而蒸发量却大得惊人。在那里，地面上的河流，不仅少而且很短，常常是流到不远的地方就不见了。可是，塔里木河却源远流长，达2700多千米，比珠江的最大支流西江还要长700多千米。塔里木河的水是从哪里来的呢？

塔里木河的水是从塔里木盆地周围的高山，特别是从地势高耸的天山和昆仑山来的。因为天山和昆仑山山势高，山顶冰雪多，每当夏季，积雪消融，汇成河流。

塔里木河有三大支流，第一条是阿克苏河，它发源于天山山脉中山势最高的腾格里山脉。塔里木河的水，有60%～80%是由阿克苏河供应的。

第二条支流叫和田河，它发源于山势最高的西段昆仑山。这条河长806千米，水量也很丰富，只是由于横越400千米宽的塔克拉玛干大沙漠时，沿途蒸发和渗漏，水量消耗不少，所以流进塔里木河的水，已为数不多，而且一年中，只有在洪水期才有水流进塔里木河，但是它的水量，仍占塔里木河总水量的10%～30%。

塔里木河的第三条重要支流就是叶尔羌河。叶尔羌河发源于喀拉昆仑山和帕米尔高原，流长1079千米，是塔里木河最长的一条支流，水量十分丰富。但是，叶尔羌河流出山口后，流过泽普、莎车、麦盖提、巴楚、阿瓦堤等县广大地区时，因大量消耗，能进入塔里木河的水已经很少了。为了充分利用水源，人们在巴楚筑了一条拦水坝，因此，叶尔羌河只在每年7～9月的洪水期，才有少量水流入塔里木河，这些水量约占塔里木河总水量的4%～5%。

在地图上，我们可以看到从巴楚到塔里木河的叶尔羌河以及横越塔克拉玛干的和田河都是虚线，说明这些河流只有在多水的季节才有水流过。这样的河流，我们称为季节性河流，又称为间歇性河流。

阿克苏河、和田河以及叶尔羌河等三条支流汇合以后，先是向东，然后向东南流入塔里木盆地东南部的台特马湖，全长1100千米。在这一大段流程中，基本上没有支流加入。所以愈到下游，河流水量愈趋减少。同时河道里泥沙堆积又很快，使河床变浅加高。这样，就像黄河下游过去所出现的情况那样，每当洪水期就经常决口、改道，游荡不定。塔里木河的南迁北徙，必然引起下游湖泊的变动，罗布泊就是这样。

许多人把罗布泊看作是一个怪湖，因为它老是神出鬼没，游移不定。在汉代，它的位置在塔克拉玛干沙漠的东北边缘，大约与现在的位置相当。到1876年，它已悄悄地搬到相距100千米以南的地方去了。1921年，人们发现它又回到了北面的老家。后来人们才弄清楚，罗布泊的迁徙和塔里木河的改道是联系在一起的。当塔里木河摆到北面和孔雀河合在一起的时候，塔里木河的水就通过孔雀河进入到北面的洼地里面，形成湖泊，这就是罗布泊。当塔里木河摆到南面时，塔里木河的水就向东南流，进入另一个洼地，形成湖泊，这就是台特马湖，也有人称它为南罗布泊。在这种情况下，北面的罗布泊就因为缺乏水源而缩小、干涸，以至最后消失。当塔里木河又摆回北面时，罗布泊就又会重新出现，而南面的台特马湖就干涸、消失。如此反复交替，使人以为罗布泊是一个游移不定的湖泊。

塔里木河的摆荡，罗布泊的迁移，都引起大片农田、牧场和城镇的兴废。在汉代，塔里木河注入罗布泊，因为有了水，人们就在那里从事农业生产，发展畜牧，并且逐渐发展成为一个部落，当时称为"楼兰国"。但后来由于塔里木河改道流入南面的台特马湖，人们只好跑到台特马湖周围重建家园，而罗布泊畔的这个古国就只留下了几片断垣残壁。

塔里木河的水量主要靠高山冰雪融水补给，夏秋季节，气温升高，塔里木河的上游出现洪水期，这时河水水量急剧增加，但到春季，枯水期到来，正是作物需水灌溉的季节。河流水量却急剧减少，个别河段还长时间断流。为了解决这一矛盾，建国后，修筑了拦河大坝，截断了塔里木河流入罗布泊的水流，使河水向南流入台特马湖，沿河湖两岸的生产得到了稳步地发展。

世界上最高的河——雅鲁藏布江

雅鲁藏布江是我国著名的大河之一，它大部分海拔在 3500 米以上，是世界上海拔最高的大河，被人们称为"世界屋脊"上的大河。

雅鲁藏布江的藏语意思为从最高顶峰上流下来的水，它像一条银色的巨龙，从西藏自治区西南部桑木张以西、喜马拉雅山北麓杰马央宗冰川自西向东横贯西藏南部，在米林县附近折向东绕过喜马拉雅山脉最东端的南加巴瓦峰转而南流，经巴昔卡流出国境至印度后，改称布拉马普特拉河，随后又流入孟加拉国，改称贾木纳河，与恒河相汇合后注入印度洋的孟加拉湾。它的上游在萨嘎以上，称为马泉河，有两个源头，正源就是杰马央宗曲，出自杰马央宗冰川；另外一个源头为库比曲，出自阿甲果冰川。至萨嘎有左岸支流汇入，以下始称雅鲁藏布江。雅鲁藏布江自源头至拉孜为上游，河床都在海拔 3950 米以上，为高寒河谷地带，河谷宽浅，水流缓慢，水草丰美。自拉孜至则拉为中游，河谷宽窄交替出现，在冲积平原地区，河谷开阔，地势平坦，气候温和，是西藏农业最发达的地区。自则拉到国界为下游，则拉至派区河谷较宽，派区以下河流进入高山峡谷段，至六龙附近，河道绕过 7782 米的南迦巴瓦峰，骤然由东北转向南流，随后又转向西南，形成世界罕见的雅鲁藏布江马蹄形大拐弯峡谷。

雅鲁藏布江下游大拐弯峡谷，深达 5382 米，平均深度也在 5000 米以上，由派区到边境的巴昔卡，长为 494.3 千米，谷底呈"V"字形，水面宽一般 80～200 米，最窄处仅 74 米，它比原来认为的世界第一大峡谷秘鲁科尔卡大峡谷还深 2000 米。1994 年 4 月 18 日，《光明日报》、《文汇报》、《北京日报》等几大报纸同时报道："我国科学家首次确认，雅鲁藏布江大峡谷为世界第一大峡谷。"雅鲁藏布江大峡谷，不仅是最深的峡谷，而且还是地球上最长、最高的大峡谷。从此，在我国壮丽的山河中，又新添了一项世界之最。

雅鲁藏布江大峡谷围绕喜马拉雅山最高峰作马蹄形大拐弯，外侧有7234米的加拉白垒峰夹峙，整个大拐弯峡谷完整连续地切割在青藏高原东南斜面地形单元上，自谷底向上，遍布褶皱和断裂，满山满坡覆盖着茂密的原始森林，不同高度的垂直自然带齐全，山地上部冰雪覆盖，冰川悬垂，景色十分奇特壮丽。在这里，有着独特的生态系统，发育繁衍着复杂而丰富的植被类型和动、植物区系，被誉为"植被类型的天然博物馆"、"山地生物资源的基因库"。

雅鲁藏布江不仅是世界上最高的大河，在我国它还是水能巨大的河流。由于它的流域内水量充足，河床海拔高，落差大，蕴藏着极为丰富的水力资源，其干流和五大支流的天然水力蕴藏量为9000多万千瓦，仅次于长江，居全国第二位。雅鲁藏布江大拐弯峡谷地区，山高谷深，是世界上水能最为集中的地点之一。从派区至墨脱希让的"U"字形大拐弯河道，河长250千米，落差达2200米。经水电专家初步估算，如果在这里修建水电站，从派区开凿长约40千米的引水隧洞到墨脱，可建成装机容量为

雅鲁藏布江全景

4000万千瓦的水电站。这个水电站将成为我国乃至世界上最大的水电站。

雅鲁藏布江哺育着两岸肥沃的土地，西藏耕地的95%（约26万公顷）都分布在雅鲁藏布江流域。中游一带，众多的支流不仅提供了丰富的水源，而且形成了宽广的河谷平原，是西藏主要和最富庶的农业地区，特别是墨脱一带，橘树林枝青叶茂，香蕉园终年翠绿，水稻田阡陌相连，绿竹林漫山滴翠。茶园布满缓坡山岗，呈现出一派热带、亚热带的无限风光。西藏一些重要的城镇，都坐落在雅鲁藏布江干支流的中下游河谷平原上，如首

府"日光城"拉萨，第二大城市日喀则，英雄城市江孜，"天然博物馆"墨脱，新兴工业城林芝、八一镇等。雅鲁藏布江哺育着两岸数百万藏族人民，而藏族人民以勤劳的双手和无穷的智慧，描绘着壮丽的大好河山。

拥有最宽瀑布的河——赞比西河

赞比西河（又称为利巴河）是非洲流入印度洋的第一大河。它的长度、流域面积都居非洲河流的第四位，但它的流量则仅次于刚果河而居非洲第二位。

赞比西河发源于安哥拉东北边境的隆大—加丹加高原，向南流入赞比亚境内。源地为起伏轻微的准平原地形，在雨季时，赞比西河及其支流的上源，洪水漫溢，形成大片沼泽，并与刚果河干支流的上源所形成的沼泽互相连通，呈现出一种独特的地理景观。

赞比西河上游和中游，山高谷深，水流湍急，有大小72道瀑布。其中，最著名的是莫西奥图尼亚（维多利亚）瀑布。

莫西奥图尼亚大瀑布位于赞比亚和津巴布韦交界处附近深达240米的巴托卡峡谷。它宽达1800米，落差122米，从100多米的高处倾泻而下，落进30米宽的斯迈特山谷，仿佛一幅巨大的水帘，凌空降落；又像一条白练，悬挂天边。流水冲击着谷底的岩床，发出雷鸣般的吼声，激起的浪花水雾，被风吹扬到几百米的高空。弥漫的水雾在太阳光的照耀下，形成一条绚丽多彩、经久不散的彩虹，飞架于大瀑布和对面的峭壁之间，其景色蔚为

赞比西河

壮观。

1885 年，英国探险家利文斯敦在赞比西河旅行时，发现了莫西奥图尼亚瀑布，并用英国女王"维多利亚"的名字给它命名。其实，当地人早就给这个瀑布命名为"莫西奥图尼亚"了。这个名字的班图语意思是"声若雷鸣的雨雾"；又叫它"晓恩格维"，意思是"沸腾的镬"；还叫它"琼韦"和"西盎果"，都是"彩虹之家"的意思。

赞比西河涨水时期，流过瀑布的水量每秒可达 5000 多立方米，每天的流量是 4 亿多立方米。如果用这些水来发电，可以满足赤道以南非洲各国的工业和民用的需要。

赞比西河的中游水道呈现向北弯曲的弧形，南侧支流流程较短，集水面积较小；北侧支流流程较长，集水面积较大。主要支流有卡富埃河和卢安瓜河。

赞比西河下游有一条从北侧而来的大支流，名叫希雷河。它导源于马拉维湖，在进入平原区以前，切割高原而形成一系列的峡谷、险滩和瀑布。

赞比西河流经干、湿气候区，流域内降水量较热带多雨区少。从东西方向看，东部接近海洋，比较湿润；西部则比较干燥。流域西南部已靠近干旱气候区，有些支流已成为季节性河流。

由于气候有明显的干湿季，河流流量也有季节变化。夏天雨季是赞比西河的丰水期，而冬天干季则是枯水期。因为各河段的雨季有先有后，所以洪水期的出现也就有早有晚。上游各支流多在北侧，源地雨季开始较早，洪水期出现在 2~3 月；中下游则延至 4~6 月。洪水期与枯水期的流量差别很大，最大流量是最小流量的 10 倍以上。

赞比西河由于多急流、多瀑布，所以只能分段通航，航运的意义不大。

鳄鱼河——林波波河

林波波河是非洲东南部的一条大河，因河中鳄鱼很多又叫"鳄鱼河"。"林波波"在当地的土著语中意即为"鳄"。全长 1600 千米，流域面积44万平方千米，发源于约翰内斯堡附近的高地，向北流至南非与博茨瓦纳边界后向东北流，流至南非与津巴布韦边界后向东流，至帕富里附近入莫桑比克境内，东南流入印度洋。沿岸主要支流有沙谢河、象河、尚加内河等。上游支流水量小，多为间歇河，中游切过南非高原边缘山地，多瀑布、急流、浅滩；下游为平原地区河流。中、下游河段受气候影响明显，水量变化较大，雨季时河道加宽，形成大水泛滥，使沿岸多沼泽、湖泊。博茨瓦纳、莫桑比克已在林波波河沿岸兴建多项灌溉工程，包括哈博罗内、尼瓦内、沙谢和圭哈水坝等。林波波河在与象河汇流后以下的河段终年可通航。

"香"河

在非洲的安哥拉，有一条全长仅6千米的河，名叫勒尼达河，河流虽短，却以香气扑鼻而遐迩闻名。当人们来到远离河水100多米的地方，就可以闻到扑鼻而来的奇异香味，距河水越近，香味就越浓郁。有人说，勒尼达河的河底长着无数水下植物，它们能在水中开出芬芳的花朵，花香溶解在水中，又蒸发到空气里。也有人说，这条河河底的土质很特殊，泥沙本身就含有浓烈的芳香物质，它们不停地向周围散发着香气。

"甜"河

在意大利，有一条不出名的河竟然是甜的，像是被谁放进了无数的砂糖。然而，尽管河水纯净又甘甜，两岸却绝对无人敢去饮用，只是用这种甜水来灌溉土地，而作物的收成通常是很好的。生物学家指出，对于植物和动物，甜性水与咸性水相比，刺激性显然要小很多。因此，咸水鱼类可以很舒适地生活在这种甜水之中。那么，为什么这条河的水是甜的呢？地质学家们说：河水甜味的形成与河床的土壤有关，这条甜河的河底土层中可能含有纯度很高的原糖结晶体。

"酸"河

流经南美哥伦比亚浦莱斯火山区的雷欧维拉利河是一条罕见的著名酸河。其实，它的酸味并不算浓，但如果有人误吞了几口酸河之水，就会使舌头溃烂，肠胃俱损，疼痛不堪，难以愈合。

在这条河里，鱼虾蟹蚌及其他各种水生的动、植物均无法生存，是一条名副其实的"死亡之河"。原来，这条全长580多千米的雷欧维拉利河，水中含有8%的硫酸和5%的盐酸。地质学家的探测表明，浦莱斯火山不断爆发，它所产生的大量盐酸和硫酸通过无数深长的穴道注入了该河，使该河成了一条酸河。

伟大的人工杰作

人工运河是人工形式的，为了方便人们的生活而挖出来的水道。人工运河可以满足运河旁边居民生活的用水需求等，能够把一个荒芜的地方开垦出来，成为一片居民地。大运河是典型的"线形文化遗产"，是文化遗产的特殊类型，运河留下的丰富文物古迹，完整地保存了具有内河特色的文化，甚至干涸淤塞的运河主干河道也显示出当时水利工程技术的创造发明，无论是不同海拔急借水行舟的过船闸口设施，还是截江横渡超前施工的水陆枢纽，都证明了古代工匠的科学方法和聪明才智，真正包含了历史、科学、艺术和经济价值，完全具备了文物的特质与内容。另外，我们发现，只要有河流的地方，人丁肯定比较旺盛。

著名的人工水道——巴拿马运河

介于北美大陆和南美大陆之间的中美地峡，原来像一条天然的大坝，横卧在两大洋之间，隔断了太平洋与大西洋的来往。过去，轮船想要从地峡东岸驶往地峡西岸，必须向南绕过南美洲南端的麦哲伦海峡，要航行1万多千米才能到达。20世纪初，在这里建成了一条著名的人工运河，这就是巴拿马运河，它把太平洋和大西洋沟通起来，成为世界上重要的"水桥"。

巴拿马地峡狭窄而弯曲，在它的东西两侧，分别有一列西北—东南向的山脉，它们的末端错开着形成一个缺口，宽度67千米，占据其间的是坡度陡峭的圆丘，最高点的海拔不过 87 米，地峡的东西两岸，景色显然有别，面向加勒比海的东岸，雨量丰沛，满布着葱郁的热带雨林；面向太平洋的西岸，雨量显著减少，出现的是半落叶森林，有的地方，甚至代之以热带稀树草原。

在西班牙殖民主义者于 1500 年 10 月根据哥伦布制定的路线第一次到达巴拿马地峡之前，这里是印第安人休养生息的乐园，他们是这里的真正主人，辛勤劳作，产生了相当发达的农业和手工业，学会了算术，知道了如何建造吊桥和铺路，创造了古老的巴拿马文化。

巴拿马运河

欧洲殖民主义者给巴拿马人民带来浩劫，大批印第安人被杀或当牲畜一样赤身裸体地被牵到市场上出卖，大量财富被抢掠，殖民主义者的"文明"给印第安人带来了灾难和毁灭，同时也激起了当地人民的反抗，斗争此起彼伏，连绵不断，长达 3 个多世纪，直到 1821 年 11 月 28 日巴拿马从西班牙殖民主义的统治下获得独立，并加入了玻利瓦尔在 1919 年建立的大哥伦比亚。

由于巴拿马地峡处于两大洋的战略地位，西班牙在 1814 年就提出了开凿运河的设想，但没有付诸行动。后来，美国排除了其他国家在巴拿马的势力，于 1902 年向哥伦比亚政府提出开凿运河和永久租借运河两岸各三英里（1 英里≈1609 米）的无理要求，遭到了哥伦比亚国内人民的强烈反对，议会拒绝了美国的要求。但是，在 1903 年 11 月 3 日当巴拿马宣布从哥伦比亚独立后不久，首任总统阿马多率领一个代表团前往美国访问，美国收买混进新政府充任巴拿马驻华盛顿公使的布诺瓦里亚，抢先草拟了运河条约，并在 11 月 18 日阿马多总统到达华盛顿前 2 小时，由美国国会通过了这个条约，造成了既成事实。在美国的压力下，同年 12 月 2 日，巴拿巴给美国永久占领、使用、控制运河区的权利，美国像主权所有者那样，在运河区拥有一切权利、权力和权威，而美国为此仅仅付给巴拿马 1000 万美元的所谓代价，并规定 9 年后每年再付款 25 万美元。

巴拿马运河处在一个陷落地带，那里原是一个沼泽纵横、丛林密布、疟疾和黄热病猖獗的地区，开凿运河工程艰巨，劳动条件十分恶劣。据统计，从 1880 年开工到 1914 年 8 月 15 日完工，共挖土方 2.1 亿万立方米，参加工程的不仅有当地的印第安人，还有非洲贩买来的黑人、从南欧和东南亚招来的劳工，其中包括大批中国人。有 7 万多名工人为运河的建造献出了生命，几乎是 1 米长的距离就夺去一条生命，因此，人们称运河两岸为"死亡的河岸"。

巴拿马运河全长 81.3 千米，河宽 91~304 米，水深 13~26 米。虽然太平洋位于大西洋的西面，但是沟通两大洋的运河并不是东西走向。自太平洋通过运河到大西洋时，轮船反而自东南向西北航行。当船到达大西洋岸时，它的位置反而比在太平洋岸时更偏西了。这种有趣的现象是因为巴拿马运河附近的地峡基本上成西南—东北走向。

巴拿马运河不是一条海平面式的运河。除两端一小段外，大部分的运河河段的水面高出海面 25 米，船只通过运河好像越过一座水桥，必须在靠近入口处经过三道水闸，升高 25 米，然后在靠近出口处再经过三道水闸下降到海面的高度。这种运河叫水闸式运河。

巴拿马运河为什么不修成海平面式的，而修成水闸式的呢？原来巴拿马地峡是愈向北愈狭窄，每天涨潮时，海面上升的幅度很大，约达 7 米；高潮时，太平洋的水位要比加勒比海岸的水位高出 5~6 米。在这种情况下，就是采用海平面式的运河，也必须在它的两端修建水闸，来调整水位，否则在涨潮时，船只是很难通过运河的。

巴拿马运河航行设备齐全，昼夜均可通航，四五万吨级的船只在运河中能够畅通无阻。通过运河的时间一般需 15~16 小时。运河的开通使两大洋沿岸航程缩短了 5000 多千米。例如，从美国纽约到日本横滨，经过巴拿马运河比绕麦哲伦海峡，航程缩短 5320 多千米；从纽约到加拿大西部的温哥华，可缩短 1.25 万多千米。据统计，每年有 60 多个国家的 1.5 万多艘轮船通过运河，不愧是"大洋之桥"。

最长的人工运河——京杭大运河

京杭大运河北起北京，南到杭州，纵贯京、津、冀、鲁、苏、浙六省市。贯穿海河、黄河、淮河、长江、钱塘江五大水系，全长 1794 千米，是世界上开凿最早、路线最长的人工运河。

大运河始凿于公元前 5 世纪（春秋末期），后经隋朝和元朝两次大规模扩展，利用天然河道加以疏浚修凿连接而成。

大运河自通航以来，一直是我国漕运和商旅来往的重要通道，在促进国家的统一、经济文化的发展等方面，曾经起过积极的作用。

19 世纪后期，南北海运兴起，津浦铁路通车，它的作用逐渐缩小。现经部分拓宽加深，裁弯取直，增建船闸，已可通航。其中江、浙两省境内

京杭大运河

的大运河，仍是重要的水上运输线，它将进一步发挥航运、输水、灌溉、防洪和排涝等综合作用。

亚非之间的界河——苏伊士运河

苏伊士运河，北起地中海沿岸的塞得港，中间穿过提姆萨湖、大苦湖、小苦湖，南到红海之滨的陶菲克港，全长 173 千米，宽 365 米，深 20 米，目前已可通航满载 25 万吨油轮，通过时间平均为 14 小时。

运河从 1895 年 4 月 25 日开始动工，到 1869 年完成，历时 10 年之久。运河主权最初由法国资本家垄断。1882 年，英国武力侵占了埃及，从此，苏伊士运河便一直被英国所控制。1956 年 7 月 26 日，埃及政府才将运河收归国有。

苏伊士运河的开通，沟通了地中海和红海，大大缩短了从印度洋、太平洋两岸各国到西欧、北美的航程。船只经苏伊士运河要比绕道好望角缩短 8000～10000 千米的航程，节省 10～40 天时间，实为亚、非、欧三洲之间的交通要冲和战略要地，所以马克思称它为"东方伟大的航道"。

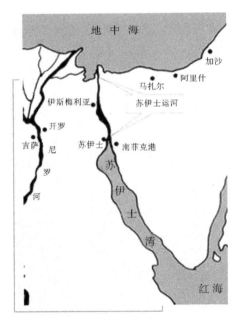

苏伊士运河

红 旗 渠

红旗渠灌区共有干渠、分干渠 10 条，总长 304.1 千米；支渠 51 条，总长 524.1 千米；斗渠 290 条，总长 697.3 千米；农渠 4281 条，总长 2488 千米；沿渠兴建小型一、二类水库 48 座，塘堰 346 座，共有兴利库容 2381 万立方米，各种建筑物 12408 座，其中凿通隧洞 211 个，总长 53.7 千米，架渡槽 151 个，总长 12.5 千米，还建了水电站和提水站，已成为"引、蓄、提、灌、排、电、景"成配套的大型体系。

红旗渠工程总投工 5611 万个，共完成土石砌方 2225 万立方米。总投资 12504 万元，其中国家投资 4625 万元，占 37%，社队投资 7878 万元，占 63%。

红旗渠

红旗渠的建成，彻底改善了林县人民靠天等雨的恶劣生存环境，解决了 56.7 万人和 37 万头家畜吃水问题；54 万亩耕地得到灌溉，粮食亩产由红旗渠未修建初期的 100 千克增加到 1991 年的 476.3 千克，被林州人民称为"生命渠"、"幸福渠"。

伊利运河

美国纽约州西北部运河。从伊利湖岸的布法罗，经莫霍克谷地，到哈得孙河岸的奥尔巴尼。长 581 千米，宽 12 米，水深 1.2 米。1817 年始建，1825 年竣工。以后曾数度扩建，从 1909 年起经改建后，运河长 544 千米，宽 45 米，水深 3.6 米，成为纽约州通航运河系统的主要水道，对美国中西部的经济开发和纽约市的发展起很大的作用。

伊利运河

秦朝三大水利工程之一——灵渠

　　灵渠又称湘桂运河，也称兴安运河。在广西壮族自治区兴安县境内。是中国和世界最古老的人工运河之一。开凿于西元前 214 年（秦）。横亘湘、桂边境的南岭山势散乱，湘江、漓江上源在此相距很近。兴安城附近分水岭为一列土岭，宽 300～500 米，相对高度 20～30 米，两河水位相差不到 6 米。

　　灵渠的工程主要包括铧嘴、大小天平石堤、南渠、北渠、陡门和秦堤。大小天平石堤起自兴安城东南龙王庙山下呈"人"字形，左为大天平石堤，伸向东岸与北渠口相接；右为小天平石堤，伸向西岸与南渠口相接。铧嘴位于"人"定形石堤前端，用石砌成，锐削如铧犁。铧嘴将湘江上游海洋河水分开，三分入漓，七分归湘。天平石堤顶部低于两侧河岸，枯水季节可以拦截全部江水入渠，泛期洪水又可越过堤顶，洩入湘江故道。南渠即人工开凿的运河，在湘江故道南，引湘水穿兴安城中，经始安水、灵河注入大榕江入漓。因海洋河已筑坝断流，又在湘江故道北开凿北渠，使湘漓通航。南渠、北渠是灵渠主体工程，总长 34 千米（包括始安水－灵河段）陡

灵 渠

门为提高水位、束水通舟的设施，相当现代的船闸，主要建于河道较浅水流较急的地方。据记载明、清两代仍有陡门 30 多处。秦堤由小天平石堤终点至兴安县城上水门东岸，长 2 千米。灵渠的修建，联结了长江和珠江两大水系，对岭南的经济和文化发展有过很大促进作用。湘、桂间铁路和公路建成后，灵渠已被改造为以灌溉为主的渠道。

　　灵渠属全国重点文物保护单位，位于桂林东北 60 千米处兴安县境内，是现存世界上最完整的古代水利工程，与四川都江堰、陕西郑国渠齐名，并称为"秦朝三大水利工程"。

秦朝三大水利工程之二——都江堰

　　都江堰坐落于四川省成都市城西，位于成都平原西部的岷江上。都江堰水利工程建于公元前 256 年，是全世界迄今为止，年代最久、唯一留存、以无坝引水为特征的宏大水利工程。属全国重点文物保护单位。都江堰附近景色秀丽，文物古迹众多，主要有伏龙观、二王庙、安澜索桥、玉垒关、离堆公园、玉垒山公园、玉女峰、南桥、灵岩寺、翠月湖、都江堰水利工程等。

都江堰

都江堰水利工程由创建时的鱼嘴分水堤、飞沙堰溢洪道、宝瓶口引水口三大主体工程和百丈堤、人字堤等附属工程构成。科学地解决了江水自动分流、自动排沙、控制进水流量等问题，消除了水患，使川西平原成为"水旱从人"的"天府之国"。2000多年来，一直发挥着防洪灌溉作用。截至1998年，都江堰灌溉范围已达40余县，灌溉面积达到66.87万公顷。

鱼嘴是修建在江心的分水堤坝，把汹涌的岷江分隔成外江和内江，外江排洪，内江引水灌溉。飞沙堰起泄洪、排沙和调节水量的作用。宝瓶口控制进水流量，因口的形状如瓶颈，故称宝瓶口。内江水经过宝瓶口流入川西平原灌溉农田。从玉垒山截断的山丘部分，称为"离堆"。

都江堰水利工程充分利用当地西北高、东南低的地理条件，根据江河出山口处特殊的地形、水脉、水势，乘势利导，无坝引水，自流灌溉，使堤防、分水、泄洪、排沙、控流相互依存，共为体系，保证了防洪、灌溉、水运和社会用水综合效益的充分发挥。都江堰建成后，成都平原沃野千里，"水旱从人，不知饥馑，时无荒年，谓之天府"，四川的经济文化有很大发展。都江堰的创建，以不破坏自然资源，充分利用自然资源为人类服务为前提，变害为利，使人、地、水三者高度协调统一。

秦朝三大水利工程之三——郑国渠

郑国渠是最早在关中建设大型水利工程的，战国末年秦国穿凿，公元前246年（秦始皇元年）由韩国水工郑国主持兴建，约10年后完工。位于今天的泾阳县西北25千米的泾河北岸。它西引泾水东注洛水，长达300余里（灌溉面积号称4万顷）。1985～1986年，考古工作者秦建明等，对郑国渠渠首工程进行实地调查，经勘测和钻探，发现了当年拦截泾水的大坝残余。它东起距泾水东岸1800米名叫尖嘴的高坡，西迄泾水西岸100多米王里湾村南边的山头，全长2300多米。其中河床上的350米，早被洪水冲毁，已经无迹可寻，而其他残存部分，历历可见。经测定，这些残部，底宽尚有100多米，顶宽1～20米不等，残高6米。可以想见，当年这一工程是非常宏伟的。

郑国渠

泾河从陕西北部群山中冲出，流至礼泉就进入关中平原。郑国渠充分利用了关中平原西北高、东南低的地形特点，在礼泉县东北的谷口开始修干渠，使干渠沿北面山脚向东伸展，很自然地把干渠分布在灌溉区最高地带，不仅最大限度地控制灌溉面积，而且形成了全部自流灌溉系统，可灌田4万余顷。郑国渠开凿以来，由于泥沙淤积，干渠首部逐渐填高，水流不能入渠，历代以来在谷口地方不断改变河水入渠处，但谷口以下的干渠渠道始终不变。

人类古文明的发源地

"河流是人类文明的起源"。无论是独立发展还是文化传播都说明河流的重要作用。河流孕育了生命，蕴含着生与死的千古奥秘，代代相传，生生不息。

一条大河孕育了一个民族、一个国家、一种精神、一种文明，构成了历史的篇章，人类早期历史是一部河流的历史。世界上最早形成的四大文明古国古代埃及、古代巴比伦、古代印度和古代中国，由于与大河的明显联系，被称为"大河文明"。

世界第一长河——尼罗河

世界第一长河——尼罗河，非洲主河流之父，位于非洲东北部，是一条国际性的河流。尼罗河发源于赤道南部的东非高原上的布隆迪高地，由南向北流经热带雨林气候、热带草原气候、热带沙漠气候、地中海型气候区，最终流入地中海。干流自卡盖拉河源头至入海口，全长6670千米，是世界流程最长的河流。自南向北流经布隆迪、坦桑尼亚、卢旺达、扎伊尔、肯尼亚、乌干达、苏丹、埃塞俄比亚、埃及9国，在开罗以下注入地中海（河口无大城市，河口位于北纬30°），全程位于低纬度（南纬3°～北纬31°）。流域面积为287万平方千米，相当于非洲大陆面积的1/10。自开罗起形成面积约2.4万平方千米的河口三角洲；阿斯旺至开罗段，河谷狭窄，谷底平坦，沿岸分布狭长的河谷平原。

支流还流经肯尼亚、埃塞俄比亚和刚果（金）、厄立特里亚等国的部分地区。流域面积约 335 万平方千米，占了非洲大陆面积的 1/9，入海口处年平均径流量 810 亿立方米。

尼罗河

尼罗河是由卡盖拉河、白尼罗河、青尼罗河三条河流汇流而成。尼罗河最下游分成许多汊河流注入地中海，这些汊河流都流在三角洲平原上。三角洲面积约 24000 平方千米，地势平坦，河渠交织，是现代埃及政治、经济、文化中心。尼罗河下游河谷地三角洲则是人类文明的最早发源地之一，古埃及诞生在此。至今，埃及仍有 96% 的人口和绝大部分工农业生产集中在这里。

尼罗河被视为埃及的生命线。尼罗河的灌溉条件及定期泛滥带来的肥

尼罗河鲈鱼

沃土壤，使河谷和三角洲的土地极其肥沃，庄稼可以一年三熟。在干旱的沙漠地区两岸形成一条"绿色走廊"，可种植棉花、小麦、水稻、枣椰等农作物，并形成世界著名的长绒棉产地。尼罗河两岸优美的风光为发展旅游业提供了条件，旅游成为埃及四大经济支柱之一。

　　埃及流传着"埃及就是尼罗河"，"尼罗河就是埃及的母亲"等谚语。尼罗河确实是埃及人民的生命源泉，她为沿岸人民积聚了大量的财富、缔造了古埃及文明。近 6700 千米的尼罗河创造了金字塔，创造了古埃及，创造了人类的奇迹。

中国第一大河——长江

　　长江，亚洲、中国第一长河，全长 6397 千米。它发源于青藏高原唐古拉山的主峰各拉丹东雪山，是世界第三长河，仅次于尼罗河与亚马孙河，水量也是世界第三。雪峰积存着大量的冰雪，融化的冰水汇集在姜根迪雪峰脚下，形成了滚滚长江的正源——沱沱河。沱沱河是长江上游最长的一条河流，从格拉丹东冰川末端至当曲河口，沱沱河全长 375 千米。长江自沱沱河开始，经青海、西藏、四川、云南、湖北、湖南、江西、安徽、江苏和上

长 江

海 10 个省、自治区、直辖市，注入东海。年平均流量高达 31900 立方米/秒。长江自楚玛尔河、沱沱河、尕尔曲、布曲、当曲五河汇合成一股后，称为通天河。通天河到达青海省玉树县以后，叫金沙江。在四川宜宾以下，始称长江。长江东流途中，接纳了大约 700 条大小支流，其中，岷江、嘉陵

江、乌江、沅江、湘江、汉江、赣江等为著名的支流（其中汉江最长）。整个流域面积达 180 万平方千米，比黄河流域面积大 2.5 倍，占全国陆地面积的 1/5，平均年入海总水量达 1 万亿立方米。

长江流域是中国巨大的粮仓，产粮几乎占全国的一半，其中水稻达总量的 70%。此外，还种植其他许多作物，有棉花、小麦、大麦、玉米、豆类等等。上海、南京、武汉、重庆和成都等人口在百万以上的大城市都在长江流域。

长江中游湖北黄陂盘龙城遗址是已发现的长江流域第一座商代古城，距今 3500 多年。城邑和宫殿遗址壮观齐全，遗址、遗物、遗骸中明显反映了奴隶社会的阶级分群。属于商晚期的大冶铜绿山古铜矿是我国现已发现的年代最早规模最大而且保存最好的古铜矿。江西清江的吴城遗址是长江下游重要的商代遗址。1989 年江西新干出土大量商代的青铜器、玉器、陶器，距今约 3200 多年，具明显的南方特色。这些遗存对于了解至今仍较为模糊的长江流域商代文化，十分有含金量，具有很高的科学价值。

长江的污染越来越严重。已经公布的资料显示，1998 年全流域废水排放量为 113.9 亿吨，2001 年为 138.3 亿吨，2005 年为 184.2 亿吨，短短 7 年的时间，废水排放量增加了 70 亿吨。长江干流存在岸边污染带累计达 600 多千米，岷江、沱江、湘江、黄浦江等支流污染严重，超过 40% 的省界断面水体劣于 Ⅲ 类水

中华鲟

标准，90% 以上的湖泊呈不同程度的富营养化状态。长江生态系统也在不断退化，长江物种减少，保护工作紧迫而艰巨。国宝白鱀豚难觅踪迹，长江鲥鱼不见多年，中华鲟、白鲟数量急剧减少。长江流域天然捕捞产量从 20

47

世纪 50 年代 42.7 万吨下降到 90 年代的 10 万吨左右。

长江的主要污染状况超出了大多数人的想象：森林覆盖率下降，泥沙含量增加，生态环境急剧恶化；枯水期不断提前；水质恶化，危及城市饮用水；物种受到威胁，珍稀水生物日益灭绝；固体废物严重污染，威胁水闸与电厂安全；湿地面积缩减，水的天然自洁功能日益丧失。如果这样的发展趋势得不到遏制并任其发展下去的话，专家们关于长江的危言也许用不了 10 年就会成为现实。

输沙量最大的河——黄河

黄河，是我国的第二大河，是中华民族的摇篮。流程达 5464 千米，流域面积达到 752443 平方千米。巴颜喀拉山北麓的约古宗列曲是黄河的正源，源头于巴颜喀拉山脉的雅拉达泽峰，海拔 4675 米，平均流量 1774.5 立方米/秒，在山东省注入渤海。上、中游分界点，内蒙古省河口镇；中、下游分界点，河南省旧孟津。黄河的入海口河宽 1500 米，一般为 500 米，较窄处只有50 米，水深一般为 2.5 米，有的地方深度只有 1.2 ~ 1.3 米。

黄河流经青海、四川、甘肃、宁夏、内蒙古、陕西、山西、河南、山东等九省区，沿途汇集了 40 多条主要支流和千万条溪川，形

黄 河

成滚滚洪流，浩浩荡荡奔腾 5464 千米，在山东垦利县注入渤海。

黄河含沙量居世界各大河之冠。据计算，黄河从中游带下的泥沙每年约有 16 亿吨之多，如果把这些泥沙堆成 1 米高、1 米宽的土墙，可以绕地

球赤道27圈。"一碗水半碗泥"的说法，生动地反映了黄河的这一特点。黄河多泥沙是由于几千年来，许多地区由于滥垦、滥牧、滥伐等恶性开发，引起森林、草原和耕地的严重退化以及水土流失和沙漠化。其流域为暴雨区，而且中游两岸大部分为黄土高原。大面积深厚而疏松的黄土，加之地表植被破坏严重，在暴雨的冲刷下，滔滔洪水挟带着滚滚黄沙一股脑儿地泻入黄河。由于河水中泥沙过多，使下游河床因泥沙淤积而不断抬高，有些地方河底已经高出两岸地面，成为"悬河"。因此，黄河的防汛历来都是国家的重要大事。

20世纪50年代以前，黄河常发生泛滥以致改道的严重灾害。有历史记载的2000多年中，黄河下游发生决口泛滥1500多次，重要改道26次。有文字记载的黄河下游河道，大体经河北，由今子牙河道至天津附近入海，称为"禹河故道"。公元前602年黄河第一次大改道起至公元1855年改走现行河道，其间1128年前，河走现行河道以北，由天津、利津等地入海；以后走现行河道以南，夺淮入海，灾害波及海河、淮河和长江下游约25万

奔腾的黄河

平方千米的地区。每次决口泛滥都造成惨重损失。1933 年下游决口 54 处，受灾面积 1.1 万多平方千米，受灾人口达 360 多万人。1938 年国民党政府扒开郑州以北花园口黄河大堤，淹死 89 万人，造成著名的黄泛区。

黄河下游的水患历来为世人所瞩目。历史上，黄河有"三年两决口，百年一改道"之说。从周定王五年（公元前 602 年）到 1938 年花园口扒口的 2540 年中，有记载的决口泛滥年份有 543 年，决堤次数达 1590 余次，主河道经历了五次大改道和迁徙。洪灾波及范围北达天津，南抵江淮，包括冀、鲁、豫、皖、苏五省的黄淮海平原，纵横 25 万平方千米。

近代历史上的 1819 年及 1840 年鸦片战争以后，黄河下游的开封、陈留、中牟、兰考、武陟等地多次溃决、改道，冲毁农田村舍，民众损失不计其数。

经过科学家们的多次勘察，反复研究，揭示了黄河河道改变的内在机理。原来，黄河从江苏入海改为从山东独流入海后，不再影响淮河和海河两大水系的水文变化。但对于黄河这样一条多泥沙的河流来说，下游局限于一个较窄的范围内流动，河床高悬于大平原之上；加上处于气候、水文长期波动变化最显著的中纬地带；黄河中、上游又流经土壤裸露、疏松的黄土高原产沙区，一旦出现大暴雨和特大暴雨，便形成高含沙量洪水，有时最大洪峰输沙量可达 60 亿吨左右。当到达黄河下游时又因下游河道受海平面和大平原地势控制及河口延伸的影响，比降很平，输沙能力明显小于中、上游来沙量，河床淤积比平常漫流时期迅速。同时因黄河下游长期形成上宽下窄的河道格局，黄河受山东丘陵山地阻挡出现的河道大弯曲呈宽窄过渡河段。突然到来的多泥沙特大洪水往往在此形成河道堵塞，河堤漫决，河流由此寻找新的低地形成河道。由此可见，中道淤积，河道高悬，河堤管理不善，洪峰通过能力不足是形成黄河改道的原因。

新中国成立以来，国家在改造黄河方面投入了大量人力物力，黄河两岸的水害逐渐减少，昔日的黄泛区变成了当地人民的美好家园。

50

世界古文化发祥地之一——印度河

印度河长 2900 千米，流域面积 117 万平方千米。发源于中国西藏高原的冈底斯山冈仁波齐峰北坡的狮泉河，流经克什米尔、巴基斯坦，注入阿拉伯海。在地貌上属先成河，主要支流有萨特累季河、奇纳布河、杰卢姆河、喀布尔河等。河流靠融雪水和季风雨补给。河流上游穿山过峡，水深湍急；进入平原，河面展宽，水流缓慢。中、下游出现许多分流，有的分流在旱季时干涸，有的分流在雨季时宽达 20 余千米。河流泥沙含量多，中、下游河床有的地方高出地面，河道不固定。原是重要航道，铁路修建后，只在下游干流通航小汽船。大部流经半干旱区，是两岸农田的重要水源。早在 19 世纪中叶就建有规模庞大的灌溉工程。目

印度河

前，巴基斯坦在河流的干、支流上建有拦河坝 2 座，水渠 8 条和大量机井，利用河水及地下水发展农业。印度河流域发现公元前 2500 年前的人类文化遗址，是世界古代文化的发祥地之一。

印度的"圣河"——恒河

恒河源出喜马拉雅山南麓加姆尔的甘戈特力冰川，注入孟加拉湾，全长 2700 千米，流域面积 106 万平方千米，河口处的年平均流量为 2.51 万立方米/秒；其中在印度境内长 2071 千米，流域面积 95 万平方千米，年平均

流量为 1.25 万立方米/秒。

恒河－亚穆纳河地区曾经森林密布。史实记载在 16～17 世纪，可在当地猎到野象、水牛、野牛、犀、狮和虎。多数原有自然植被已从整个恒河流域消失，土地现在被强化耕种以满足总是在增长中的人口的需要。除了鹿、野猪和野猫以及狼、胡狼和狐之外，其他野生动物绝无仅有。仅在孙德尔本斯三角洲地区还可以发现有一些孟加拉虎、鳄和沼泽鹿。所有河流，特别是在三角洲地区，鱼类均十分丰富，它是三角洲居民食物的重要组成部分。

恒河虽算不上是很大的河流，可是在 5 亿多虔诚的印度教徒心目中，它却是条"圣河"。神圣的恒河是他们永恒生命的象征。

多少年来，在恒河两岸的土地上繁衍生息的人民，创造出了世界著名的印度文化。在占印度人口 80% 以上的印度教徒心中，对恒河的崇拜，达到了无以复加的程度。关于恒河，有着种种宗教传说。印度教徒称恒河为"圣水河"，认为圣水可以延年益寿，又可洗刷自己祖先的罪孽，是"赎罪之源"。因此，印度教徒一生中最大的宿愿就是到圣河边的圣地朝圣，以喝

恒河洗礼

到无比洁净的圣水；到恒河沐浴，以洗刷自己的过失为最大荣幸。

在恒河与其主要支流朱木拿河交汇处的阿拉哈巴德城，每年举行一次为时两星期的庙会。每年的庙会在 1 月 25 日这一天达到高峰，人数之多为世所罕见。印度的男女老少就有上千万人到这里来洗澡，其中包括著名的宗教领袖和政府官员。早在几天前，人们就在这里搭起供临时住宿的帐篷，沿河两岸绵延数十里，蔚为壮观。

该城每隔 12 年都要举行一次孔勃——梅拉节（即圣水沐浴节），每到这天，成千上万的教徒从全国各地赶到这里。善男信女身披袈裟，裹着黄布，扶老携幼地从沿河石阶缓缓走入恒河。他们浸在圣水之中，一面净身，一面顶礼膜拜。那些名门闺秀，乘着无底轿子，也泡在"圣水"之中净身。僧侣们一边半身浸于水中，一边还在诵经；岸上的信徒则闭眼合掌，一遍又一遍地祈祷，盛况空前。

53

恒河中游的瓦腊纳西（贝拿勒斯），被称为"圣城"，是印度教教会的中心，有 1000 多座庙宇。络绎不绝的朝圣者从全国各地涌来，汇成一股人流，纷纷到寺院去朝拜，它的盛况可同沐浴节相媲美。

恒　河

恒河干流水道污染十分严重。根据恒河上每天沐浴和饮水的人次，人们总以为会出现大规模的流行病，结果却很少发生这种事，而在一些支流区域有时却瘟疫蔓延，霍乱猖獗。这成了一个未揭开之谜。

恒河水不管怎样脏浊，人们依旧饮用它，在印度教徒说来这是教规。他们一生喝的就是恒河水。印度教徒在每次祷告开始前，都要在祷告者头上洒上恒河水。虔诚的教徒还在吃东西前，在食物上洒上恒河水。教徒们常常到恒河去献花、献糖果和点燃油灯，表示对死去了的亲人的怀念。

恒河是南亚水量最丰富的河流，平均流量为每秒 25100 立方米，超过我国黄河的 15 倍多。恒河河水大部分由夏季季风降雨供给，一部分由喜马拉雅山脉上的冰雪融水供给。因此，河水水位从 5 月开始上涨，7~9 月由于季风降雨达到最高水位，这个时期恒河的深度和宽度都达到平时的 2 倍。三角洲上洪水有时还由飓风形成，这种类型的洪水出现在 10~11 月，虽不经常发生，但一旦出现则可造成极大危害。恒河上游因为落差较大，侵蚀搬运作用很强，加上第四纪以来的地盘隆起，形成了恒河大平原。

恒河流经人口稠密和大面积的农业地带，经济价值十分明显。自古以来，恒河水就用来灌溉农田，留下了复杂的渠道系统和众多水库。恒河自出山以后即可通航，航运意义很大。有趣的是，印度著名的地貌学家库兹推测，在恒河河床下面还有一条河，并提出，这条地下河也发源于喜马拉雅山，然后分为两支：一支在西孟加吉地下流动，另一条则在班克拉告地下流动。此推测被印度国家石油与天然气委员普查石油资源时所印证，在恒河河床深处，确实还流动着一条长达 2000 千米的地下河。这是个难解之谜，有待科学家去研究探索。

人类文明的摇篮——幼发拉底河

幼发拉底河是西亚最长、最重要的河流，全长 2750 千米。它发源于土耳其东部亚美尼亚高原，流经美索不达米亚平原，在离河口 190 千米处，与底格里斯河汇合，称阿拉伯河，注入波斯湾。幼发拉底河的水源靠春季融化雪水和高原上春季降雨，以及大西洋气旋带来的冬季降雨补给，缺乏支流，河水来源甚少。上游每年 3 月开始涨水，5 月达到最高水位，6 月末以后水位又见降低。由于河水携带大量悬浮物质，在下游河段逐渐沉积下来，于是在波斯湾北部沿岸低地，冲积成美索不达米亚平原，今日这种沉积作用仍在继续进行。

幼发拉底河和底格里斯河曾使古代巴比伦王国和阿拉伯帝国盛极一时，为人类文明作出了杰出的贡献。

幼发拉底河

第二次世界大战后，该地区为争夺土地和石油资源多次大动干戈，发生流血战争。而现在有人认为，为争夺水资源则可能酿成新的冲突。

近几十年来，随着中东地区总人口的成倍增长和各国工农业的发展，该地区对水的需求量急剧增加，水资源日益严重不足。

受幼发拉底河之惠的是西亚三个大国：土耳其、叙利亚和伊拉克。

叙利亚用水的90%来自幼发拉底河，而该河在伊拉克境内则约占总长的46%，是美索不达米亚平原重要的灌溉水源。叙利亚在幼发拉底河的中游建有塔夫拉水坝，还建有11个水电站，全国60%以上的电能依赖幼发拉底河的河水发电。

土耳其东南部由于自然条件和历史原因，成为土耳其最落后的地区，政府为了从根本上改变这一地区的贫困面貌，在20多年前制定了"安纳托利亚东部工程"计划，准备耗资560亿美元，在幼发拉底河和底格里斯河的河源地带修建22座水坝，17座水力发电站，用于灌溉和发电，预计全部工程2005年完工。其工程的中心项目是阿塔图尔克水库，1981年开始动工，于90年代初竣工。1990年1月，土耳其为了蓄水，对幼发拉底河采取了长达27天的截流措施，使幼发拉底河的流量减少了90%。土耳其的这一行动，立即引起了叙利亚和伊拉克的强烈不满和抗议，叙利亚官员说，由于土耳其的截流，叙利亚不得不动用"阿萨德水库"的水来保持安装在塔夫拉水坝上的8台涡轮机的运转。伊拉克农业部长曾提出抗议，要求土耳其闭闸最多不过2周时间，而且平时出水量不少于每秒700立方米，并且致函世界银行和阿拉伯发展银行，希望不要给这一工程贷款。由于土耳其截流，伊拉克40%的农田因干旱而歉收。

人类文明的又一摇篮——底格里斯河

底格里斯河是中东名河，也是西亚水量最大的河流，位于幼发拉底河的东面。源自土耳其安纳托利亚高原东南部的东托罗斯山南麓，向东南流，经过土耳其东南部城市迪亚巴克尔后，与叙利亚形成约32千米界河，即直接流入伊拉克，此后基本沿扎格罗斯山脉西南侧山麓流动，此后沿左岸接纳了来自山地的众多支流，直抵首都巴格达。自巴格达以下，两岸湖泊成群，沼泽密布，于古尔奈与幼发拉底河汇合，改称阿拉伯河，注入波斯湾。自河源至古尔奈，河长1950千米，流域面积37.5万平方千米，年径流量近400亿立方米。河水主要靠高山融雪和上游春雨补给。因沿山麓流动，沿途支流流程短、汇水快，常使河水暴涨，洪水泛滥，形成沿岸广阔肥沃的冲积平原，是伊拉克重要的灌溉农业区。沿河建有各种水利工程，其中巴迪塔塔水库最有名。底格里斯河流域与幼发拉底河流域统称两河流域，是古代文明发祥地之一。

现代文明的摇篮

　　人和河流都是有生命的，人进化，演绎了地球上最伟大的故事；河流也进化，创造了地球上最伟大的活力。没有河流就没有人类的智慧和文明；没有人类，河流也就失去了丰富多彩的一章。

　　人类自从在地球上生存之日起就要利用和改造自然界，通过获取自然界的物质资料来维持生命需要和建构社会物质文明。在原始文明和农耕文明时期，由于受生产力水平的限制，人类对自然的影响是有限的，在大自然怀抱中就像一个懵懂、胆怯的孩子，与自然本体处于一种原始的不自觉的和谐状态。进入工业文明以来，随着自然知识和生产力的不断增长，人类开始以大自然的主人自居。为了扩大生产规模，迅速积累财富，开始了盲目地开发利用河流、改造河流。在这一时期，人类对河流的开发利用达到了空前的规模。

航运最发达的水系——密西西比河

　　密西西比河全长 6262 千米，仅次于非洲的尼罗河、南美的亚马孙河和我国的长江，为世界第四长河。密西西比河水量十分丰富，河口年平均径流量为每秒 19000 立方米，全年注入墨西哥湾的水量达 593 亿立方米。

　　密西西比河之所以叫"百川之父"，是因为它是北美洲流程最长、流域面积最大、水量最丰富、支流众多的河流。密西西比河干流发源于苏必利尔湖西面、劳伦高地南侧的明尼苏达州境内的伊塔斯喀湖。从这里向南，蜿蜒曲折，逶迤千里。在圣路易斯城与密苏里河汇流后，继续南流，纵贯美国中部平原，于新奥尔良附近分四路注入墨西哥湾，全长3500多千米。在密西西比河的众多支流中，发源于落基山东坡的密苏里河应该是它的正源。密西西比河汇聚了发源于落基山东坡、阿巴拉契亚山西坡和北部冰碛区南侧的大大小小500多条河流，其中较大的支流有阿肯色河、德雷河、俄亥俄河、田纳西河以及伊利诺斯河等。西岸支流比东岸多而长。形成巨大的不对称的树枝状水系，整个水系流经美国31个州和加拿大2个州，流域面积322万平方千米，占美国国土总面积的34%以上。

密西西比河水系东西两侧各支流流经的地区气候不同，降水量差异很大。因而水文特征也各不相同。东岸的支流流程短，流域面积小，但水量大，水位的季节变化小。如俄亥俄河，全长仅1580千米，流域面积52万多平方千米，但水量很大，年平均流量每秒7500立方米。西岸的支流流程

密西西比河

长，流域面积大，而水量小，水位的季节变化大。如密苏里河，在长度和流域面积上，都是俄亥俄河的2.6倍多，但其水量却只有俄亥俄河的1/4，只占密西西比河水量的20%。西岸河流因流经质地疏松的黄土区，每逢暴雨，水土流失严重，使密西西比河含沙量较大，每年输入墨西哥湾的泥沙多达21100多万立方米。由于东、西支流含沙量的差异，每到洪水季节，东西两侧泾渭分明。

密西西比河水系上、中、下游流经的地形不同，因此各段的河岸地貌和水文特征也很不同。密苏里河上游，流经疏松的黄土地带，落差大，水流急，河床下切显著，形成许多风光秀丽的峡谷和激流瀑布。密西西比河

上源的伊利诺斯河，水流平缓，河流沿线湖泊星罗棋布；密西西比河的中、下游河段，由于流经广大的平原地区，河流比降很小，河道迂回曲折，水流平缓，泥沙大量沉积，形成宽广的河漫滩；在河口处，形成东西宽360多千米、面积达37000多平方千米的三角洲。由于大量泥沙的沉积作用，在三角洲的南端形成长条状的沙嘴，长30多千米，延伸到墨西哥湾中，在其末端又分成6股汊流，形如鸟爪，因而有"鸟足三角洲"之称。近年来，随着新的沉积，三角洲不断扩大，鸟足三角洲已不大明显。现在，三角洲仍以每年平均100米的速度向海湾延伸。

密西西比河流域的地质和自然地理基本上就是北美洲内陆低地和大平原的地质和自然地理。其边缘也达到落基山脉和阿帕拉契山脉，北面也触及加拿大（劳伦琴）地盾。

密西西比河及其支流，自古以来就哺育了沿河两岸的人民。美国著名作家马克·吐温曾经描写过这条古色古香的老人河，河口有无垠的棉花三角州，河上有壮美欢快的歌舞表演队，并赞美它的美丽富庶："纬度、海拔、雨量，三者相合，使密西西比河流域每一部分都能供养稠密的人口。"密西西比河流域是美国农、牧业最发达的地区。

密西西比河有极大的航运价值，自从美国开始垦殖以来，一直是重要的南北航运大动脉。密西西比河除干流以外，还有40多条支流可以通航，干支流总通航里程达29000多千米，是世界上内河航运最发达的水系。河流沿岸形成许多货物集散中心，如圣路易斯城，就是美国最大的内河航运中心和铁路枢纽。圣路易斯港，在长达110多千米的河港岸线上，修建了80多座现代化码头，年吞吐量可达2200多万吨。由于圣路易斯有便利的交通和广阔的经济腹地，附近又有丰富的煤、铁资源，现在已形成美国北方的工业区，是重要的工业中心之一。圣路易斯是美国第二汽车城，是美国最大的飞机制造业——麦克唐纳—道格拉斯总部所在地，又是美国中部最大的铁路枢纽城市之一。孟菲斯是密西西比平原上最大的农畜产品集散地，现在该城有农业机械、制药以及农产品加工工业等。下游三角洲上的新奥尔良是美国最大的贸易港之一，它承担着来自世界各地的物资中转任务。每天，新奥尔良港有70多艘船只进去，每个港区都设有现代化的指挥中心和装卸设备。新奥尔良还是美国南部著名的旅游城，城中的名胜古迹及亚热带公园以及遗留下来的法国文化等，吸引着国内外的众多旅游者。

在密西西比河流域，还兴修了许多运河，与五大湖及其他水系相连，形成一个很大的内河航运网。承担着全国 1/2 的内陆水运货物的周转量。从密西西比河的圣路易斯城，北经伊利诺斯运河通往五大湖，再经圣劳伦斯河东达大西洋。南出河口通往墨西哥湾，几乎可以驶遍大半个美国。因此，人们又将密西西比河称为"内河交通的大动脉"。在下游的新奥尔良，经过1800 多千米的岸内水道，向东可达佛罗里达半岛的南端，向西可达墨西哥边境。

密西西比河不仅航运发达，而且有丰富的水能，其蕴藏量可达 2600 多万千瓦。目前，东岸支流水力开发比较普遍。如俄亥俄河及其支流，其中以田纳西河水电站最为著名。

密西西比河及其洪泛平原共哺育着 400 多种不同的野生动物资源，北美地区 40% 的水禽都沿着密西西比河的路径迁徙。虽然密西西比河谷本身的自然植被是气候和土壤而不是河的产物，但是密西西比的沼泽和回水区在生态学上却很值得注意。从明尼苏达的菰沼泽开始到三角洲地带的海岸沼地，动植物繁盛的小片地区在河流沿线屡见不鲜。在这些地区，繁茂的自然植被、相对独立的自然环境以及由莎草、水池草和黍类等提供的植物，为水禽提供了良好的栖居地。这些鸟随季节沿河上下迁徙的路径，被人们称为密西西比飞行之路。用这个名词来称呼这条广漠的从河口三角洲直到加拿大北部夏季营巢地的空中高速公路，可谓最为确切不过。据估计，总数达 800 万只的鸭、鹅和天鹅冬天集聚在飞行之路的下游部分，还有更多的其他鸟经由这条路飞向拉丁美洲。飞行之路上最为典型的候鸟有黑额黑雁和小雪雁，大量的绿头鸭和水鸭，还有黑鸭、赤颈鸭、针尾鸭、环颈鸭以及蹼鸡。

河里最重要的鱼有几种鮰鱼（在中下游地区的几种鮰鱼可以长得相当大，当地针对其作商业捕捞）；有鼓眼鱼和亚口鱼（上游盛产这些鱼，它们为明尼苏达和威斯康辛州的垂钓运动提供了基础）；还有鲤鱼和欧洲腭针鱼。钝吻鳄现在已极少，只有在最冷僻的回水域才会见到。咸水区的虾、蟹捕捞也在下滑。

令人依恋的国际河——多瑙河

多瑙河是欧洲的一条美丽的大河，也是世界上著名的河流。由于它的秀丽多姿，人们给它取了不少动听的名字，称它"蓝色的多瑙河"和"明镜的多瑙河"。这些美丽的名称，表达了人们对它的无限爱慕和依恋。

多瑙河发源于德国西南部黑林山的东坡，向东流经德国、奥地利、斯洛伐克、匈牙利、塞尔维亚、罗马尼亚、乌克兰等国家，最后在罗马尼亚的苏利纳港附近，平缓地流入黑海。全长2850千米，流域面积81.7万平方千米，平均每年入海水量可达2030亿立方米。

61

多瑙河的著名，并不是由于它的长度，因为在世界上比它长的河流，至少还有20条。它的长度只及我国长江的1/2，比我国的雅鲁藏布江还要短些。但是，它却是世界上流经国家最多的一条重要的国际河流，又是东南欧国家的一条生命线。而且，它所带有的诗一般的音乐文化气息，是世界上其他任何河流都无法与之相媲美的。

多瑙河是一条奇怪的河流。从黑林山发源地到苏利纳入海处，距离不过1700千米，但是它却多走了1100多千米，这是为什么呢？原因是它不断地改变流向，迂回曲折。它从发源地开始向东流，然后转向南方，渐渐又折向东南，快到终点时又向北冲去，最后几乎成直角东流入海。

从源头到奥地利的维也纳一段为上游，长约970千米。河流沿巴伐利亚高原的北部边缘自西向东流，经阿尔卑斯山脉北坡和捷克高原之间的丘陵山地到达维也纳盆地。这是一段典型的山地河流，河谷狭窄，河床是坚硬的岩石。汹涌的河水把高原和山地切割成一条很深的峡谷，两岸陡峭如壁。河床坡度大而且多浅滩和急流。上游支流很多，但干流的水文状况主要取决于来自阿尔卑斯山脉的几条较大的支流，如累赫河、伊扎尔河、因河等，它们都以冰川融水为主要补给来源，每年6～7月水量最大，到了冬季2月份水量最小。一般具有这种水量变化的河流，被称为阿尔卑斯型河流。

美丽的多瑙河

多瑙河上游的某些河段，几乎每年夏天都要断流。河水断流是由于河水通过深深的地表裂隙，流入地下洞穴，成为地下伏流的缘故。伏流从下游的另一个地方又会露出地面。这种情况在我国也有，特别是广西、云南和贵州一带，因为这些地方多属石灰岩地层。这种原因就使多瑙河具有很多奇特的现象。有的地方干涸无水，有的地方却又水深超过 50 米。在峡谷间，它的水面非常狭窄，不过 100 米，但有些地方河面却宽达 3000 米。这在别的河流是罕见的。

从维也纳至铁门为中游，长约 970 千米。流经奥地利境内的多瑙河，景色如画一般的美丽。河流的左岸几乎都是遍覆森林的山脉，而右岸又是另外一番景色，阿尔卑斯山向北逐渐形成为丘陵性的平原。在维也纳以西，阿尔卑斯山的分支从南方迫近多瑙河，东坡的山林、菜园和葡萄园连成一片。维也纳盆地一片平野的景色，就在这里扩展开来。从古罗马时代起，这里就开始种植葡萄，酿造葡萄酒，有"葡萄酒之乡"的称号，奥地利的首都维也纳，就在这山林脚下山脉与河流交接的地方。维也纳是世界著名的"音乐之都"，已有2000多年的历史，许多著名的音乐大师如海顿、莫扎特、贝多芬、舒伯特、斯特劳斯等都诞生或长期停留在这里作音乐活动，为维也纳生色增辉至巨。

匈牙利的首都布达佩斯，是多瑙河上最大的城市，也是沿岸最古老最美丽的城市之一。布达和佩斯，本来是两个城市，它们像姐妹一样并立在河的两岸。右岸是山峦起伏的布达，左岸是平坦的佩斯。多瑙河在这里宽达700米，有8座大桥横跨在河上，把2座城市连接在一起。布达比佩斯古老，2000多年前，罗马人就曾在这里建筑过聚落。直到今天，那里还有一座古罗马剧院的遗址。1872年，布达和佩斯才合并到一起，定名为布达佩斯。

多瑙河中游因接纳了德拉瓦河、蒂萨河、萨瓦尔河和摩拉瓦河等支流，水量大增。春天，由于积雪融化，水位达到最高，并一直延续到夏季；夏末秋初，由于蒸发强烈，河水明显下降；秋季，由于蒸发减弱和雨水补给，水位再次上升；冬季，有的年份发生封冻，但封冻的时间不长。

铁门以下为多瑙河的下游。这一段河流横切喀尔巴阡山脉，形成了长达120千米的卡桑峡和铁门峡。这两个峡谷是多瑙河最难航行的河段，但水力资源都十分丰富。罗马尼亚、前南斯拉夫两国在铁门修建了铁门水电站。这个水电站1964年动工，1972年建成，拦河大坝高75.5米，长1200米，发电量为210万千瓦。1976年，两国决定建设第二座铁门水电站，进一步开发多瑙河的水力资源。

多瑙河在铁门以下流经多瑙河下游平原，河谷宽阔，接近河口时河谷扩展到15~20千米，有的地段达28千米。下游河道虽没有中游那样弯曲，但河汊众多。在流入罗马尼亚境内后，水流速度明显减缓，愈接近黑海流得愈慢。在土耳其附近，多瑙河分成3条支流流入黑海，河道回曲环转，形成一个水网地带，这就是美丽富饶的多瑙河三角洲。

多瑙河三角洲面积为4300多平方千米。早在6万年以前，这一地区还是碧波万顷的海湾。由于多瑙河每年挟带大量泥沙，年复一年在这里堆积，形成了河口三角洲。

多瑙河三角洲不同于其他河流的三角洲，由于地势低洼，4/5的面积都是水草沼泽地带。在这片广阔的水草沼泽地上，生长着密密丛丛的芦苇，这里是世界上最大的芦苇产地之一，是真正的"芦苇之乡"。芦苇是三角洲最大的一笔财富，分布面积占三角洲总面积的 1/4 以上，约 17 万公顷，年产量达 300 万吨以上，占世界芦苇总产量的 1/3。高达 3 米的芦苇丛布满三角洲的水面，长长的苇根深布地下，交织成 1 米多深的苇根层，有时狂风把整片的苇根层吹浮水面，形成"漂岛"。这些小岛不断移动，时而集合在一起，时而又各自分离。前一天还能通行的水道，第二天可能就阻塞不通了。如果在漂岛上行走，那将相当危险，一不留神就可能跌进 6 ~ 7 米深的水里。芦苇全身是宝，若将三角洲的芦苇充分利用，罗马尼亚每人每年可获得约 30 千克的人造纤维和 10 千克以上的纸。所以，芦苇被罗马尼亚人民亲切地称为"沙沙作响的黄金"。

多瑙河三角洲还被称为鸟类的"天堂"，鱼儿的世界。这里是欧、亚、非三大洲的候鸟会合地，也是欧洲唯一出产塘鹅和朱鹭等稀有鸟类的地方。在芦苇的保护下，300 多种鸟类自由自在地生活着，中国白鹭、鸬鹚，西伯利亚猫头鹰、蒙古冠鹅、白颈鹅等，每年都要到这里聚会，形成热闹非凡的壮丽景象。密如蛛网的河流湖泊，也是鱼儿的乐园，三角洲常见的鱼有50 多种，其中还有名贵的鲟鱼、大白鲟等。

现代以来，由于多瑙河沿岸地区工业的迅速发展，河水也受到了污染。碧蓝的河水已不复存在，蓝色的多瑙河已成为过去。为此，多瑙河沿岸各国已经开始注意环境和生态的保护，愿多瑙河能早日恢复它那往日的"蓝色"。

最繁忙的内河航道——莱茵河

翻开欧洲地图，莱茵河就像一条蓝色的大动脉，横贯中西欧辽阔的大地。它全长 1360 千米，流域面积为 22.4 万平方千米，是欧洲重要的国际河流，也是世界上货运最繁忙的内河航道。

莱茵河发源于瑞士阿尔卑斯山圣哥达峰下，流经瑞士、列支敦士登、奥地利、德国、法国、荷兰等6国，于鹿特丹港附近注入北海。从涓涓细流发端，莱茵河曲曲弯弯，逶迤向西北，先流入德国、奥地利、瑞士交界的博登湖，继而折向西，在瑞士境内的沙夫豪森附近，形成落差达24米遐迩闻名的莱茵瀑布。每到夏季，这里水流湍急，雾气腾腾，蔚为壮观。莱茵河在瑞士的巴塞尔市流出瑞法边界，进入德国境内，奔腾数百千米后，便抵达德国名城美茵茨市，从此莱茵河进入中段。从美茵茨至科隆，这段长约180千米的河道，迂回曲折，两岸峰峦起伏，名胜令人目不暇接，古迹使人留连忘返，德国历史和文学上许许多多优美动人的故事、传奇，都是从这里随着莱茵河水缓缓流向世界。这段河流有一个广为盛传的美妙名字，即"浪漫莱茵河"。

莱茵河

莱茵河沿岸，每一处景点都有它引以为豪的东西：或历史久远；或风光绮丽；或盛产美酒；或为重要码头……游人在这里可以领略到阿斯曼豪森猎堡的雄浑、巴哈拉赫小城的古朴、普法尔茨河心堡的奇特……

在德国的美茵茨，有一座突兀河口的米黄色的奇特塔楼，这就是赫赫有名的"鼠塔"。传说昔日美茵茨市曾生活着一名叫哈托的主教，此人富有但生性吝啬、歹毒。有一年闹饥荒，他家囤万担粮却舍不得拿出半点来救济濒于饿死的百姓，结果天怨人怒，就在鼠塔中被老鼠活活地咬死了。于今，鼠去楼空，但塔楼却年复一年、日复一日地为过往船只指引航向。在鼠塔对岸的山顶上，有一座高大醒目的巨型民族纪念碑。此碑是为纪念争取民族自由、独立的英雄而修建的。始建于1877年，它高出河面225米，碑高38米，其上的雕像高达10.5米。

莱茵河上的"洛累莱"天险是最具传奇色彩的地方。莱茵河到这里宽仅120米，水深却达27米，浪高旋涡多，弯大山高，过往船只到这里忽似前去无路，大有一峰塞道、万舟难行的感觉。因浪急水深，使许多过往船只葬身河腹。过天险后，山回水转，河道又豁然开阔了。大名鼎鼎的女妖岩，仁立岸边，无言地观望着过往如织的大小船只。

莱茵河地处北纬 45°～55° 之间，受大西洋的影响，流域内大部分地方属于温带海洋性气候，年降水量在 700～1000 毫米，并且季节分配均匀。水量丰富而稳定，支流众多，为航运提供了十分有利的条件。在 1360 千米河道上，普通海轮可自河口上行到德国的科隆，5000 吨重的驳船可行至中游的曼海姆，3000 吨重的驳船队可驶达瑞士北部的巴塞尔。纵贯欧洲的大水道"莱茵—美茵—多瑙运河"建成后，莱茵河的航运更加发达。

莱茵河流域经济发达。河右岸的鲁尔区，是德国最重要的工业基地，曼海姆、科隆等是德国重要的工业中心，沿岸的巴塞尔、斯特拉斯堡分别是瑞士、法国的工业中心；鹿特丹是荷兰的工业中心。在这里，集中了钢铁、采煤、机械、化学、电力、汽车、军火制造等多种工业部门，而大量的货物运输，大部由莱茵河来承担。

莱茵河流经 6 国，其中瑞士、列支敦士登、奥地利 3 国都是内陆国，莱茵河对它们的重要性自不待言。就是另外的 3 个临海国，对莱茵河的依赖性也是很大的。法国腹地较深，东部沿河地区的货物，可以通过莱茵河及与塞纳河相通的运河运到西部地区。德国国土南北狭长，南货北运，莱茵河发挥了很大作用。至于位于下游的荷兰，更是得天独厚，享尽实惠。

巴黎的灵魂——塞纳河

塞纳河从法国北部朗格尔高地出发，向西北方向，弯弯曲曲，流经巴黎，在勒阿弗尔港附近注入英吉利海峡，全程仅 776 千米，是法国四大河流中最短的一条，但是名气却最大。

由巴黎往东南方向行驶 275 千米，就到了塞纳河河源。在一片海拔 470 多米的石灰岩丘陵地的一个狭窄山谷里，有一条小溪，沿溪而上，有一个山洞，洞高 120 米，是人工修筑的，门前设有栅栏。洞内有一尊女神雕像，她白衣素裹，半躺半卧，手里捧着一个水瓶，嘴角挂着微笑，神色安祥，姿态优美，小溪就是从这位女神的背后悄悄地流出来。当地的高卢人传说，这女神名叫塞纳，是一位降水女神。塞纳河就以她的名字命名。考古学家据当地出土的木制人断定，塞纳女神至迟在公元前 5 世纪就已降临人间。

女神来到人间不久，就遇到了竞争者。距河源不远的地方，有个村镇，镇内有个玲珑雅致的教堂，教堂墙壁上图文并茂地记载说：这里曾有个神父，天大旱，他向上帝求雨，上帝为神父的虔诚所感动，终于降雨人间，并创造一条河流，以保证大地永无旱灾。这个神父是布尔高尼人，他的名字在布尔高尼语中为"塞涅"，翻译成法文即"塞纳"。于是，这个村镇和教堂都命名为"圣·塞涅"。因此，有人又认为塞纳河名字由这个神父而来。

塞纳河上游地区，地势较为平坦，水流平缓，有"安祥的姑娘"的美称。

塞纳河从东南进入巴黎，经过市中心，再西南出城。塞纳河这位"安祥的姑娘"，巴黎人称之为"慈爱的母亲"，说"巴黎是塞纳河的女儿"。塞

塞纳河

纳河上的西岱岛，是法兰西民族的发祥地。

为了保证旅游发展，塞纳河上还有废物清理船，在万籁俱寂时，它伸开巨大的臂膀，将水面上的废物污垢，一扫而光，清洗了环境，净化了空气，使塞纳河永葆青春和姿色。

塞纳河流域是法国的重要经济区之一。这一经济区的特点是扬长避短，尊重传统，因地制宜，多种经营，种植业、采矿业和加工业都得到了发展。

塞纳河流过巴黎地区，就进入上诺曼底地区。这时，河谷逐渐变得宽广，马恩河在巴黎从东注入塞纳河，使水量更加丰富。两侧山坡更加开阔平缓，由于接近海洋，雨量充足，气候湿润，加上土质肥沃，是发展畜牧业的好地方。沿河两岸，牧场广布，牛群随处可见。

塞纳河自古就是水上交通运输的要道。从巴黎开始，特别是从上诺曼底塞纳河上的鲁昂港开始，可以看到塞纳河上船来船往，一片繁忙的运输景象。塞纳河流过上诺曼底进入下诺曼底不远，就在勒阿弗尔附近注入英吉利海峡。法国历史上不少著名的航海家，都是从这里启程，远航到非洲、美洲。塞纳河沿岸的港口众多，经过疏浚后的塞纳河，目前已能通行万吨级轮船，成为法国最重要的航道。

水利资源丰富的江河

地球遍布着许多河流，每一条河流都是不同的，都有其具体情况和特点，有的河流很长但是流量很小，有的水沙比例不协调，对于水资源比较丰富的河流，如何利用、开发、管理、保护好水资源始终是实现人与河流和谐相处的主题。让我们先了解一下世界上哪些河流水资源比较丰富。

重要水运线——第聂伯河

第聂伯河是欧洲的第三大河。源出俄罗斯瓦尔代丘陵南麓，流经白俄罗斯东部及乌克兰中部，注入黑海第聂伯湾。长 2200 千米，流域面积为50.4 万平方千米。基辅以上为上游，流经森林地带。基辅至扎波罗热为中游，流经森林草原和草原地带，河谷宽，左岸古老阶地发育明显。扎波罗热以下为下游，流经黑海沿岸低地草原地带。主要径流形成于上游，以融雪水补给为主。春汛流量较大，夏季平水位，秋季有洪水，冬季封冻。干流及其支流为白俄罗斯和乌克兰主要水运线。第聂伯河在乌克兰境内流经1090 千米。在扎波罗热建的水电站是欧洲最大的水电站之一。第二次世界大战中被德国人破坏，1947 年重建。其他水库和水电站还有基辅、克列缅丘格、第聂伯罗捷尔任斯克等。普里皮亚季河以下可通行现代化大型船舶，主要货流是煤、矿石、矿物建筑材料、木材和粮食。

第聂伯河

"汹涌激荡"的河流——怒江

怒江，又名潞江，古时称为泸水。它发源于西藏唐古拉山的南麓，穿行在云南省西部的横断山脉之中，与澜沧江平行南下，流至缅甸，称为萨尔温江，最后注入印度洋的安达曼海。

怒江两岸高山雄峙，河谷中树木荫翳，浓绿蔽天，把澄碧的江水染成墨绿色，藏族同胞便叫它"那曲"，意思就是"黑水"。怒江一泻千里，谷底激流翻腾，蕴藏着巨大的水力资源。据估计，仅仅在云南境内650千米长的怒江，就可以发电2000万千瓦。

怒江在我国境内长1540千米。从滇藏交界处起，至怒江傈僳族自治州府所在地六库，长达300多千米江段，是驰名中外的"怒江大峡谷"。峡谷东面的碧罗雪山，西面的高黎贡山，俨如两位盔冰甲雪的巨人，岿然对峙。道道悬崖，犹如刀削；座座陡坎，恰似斧劈。江水被逼在宽仅百余米的峡谷河道中，汹涌激荡，滚沸如汤，猛烈地撞击着两岸石壁，怒不可遏地溅起千堆浪花，震得山岳簌簌颤动，真是："惊涛裂岸壁，危崖坠苍空。水无不怒石，山有欲飞峰。"激流险滩，云雾蒸腾，昼夜轰鸣，两岸峰崛峦挺，千姿百态，古树苍藤，飞翠流丹，构成了怒江大峡谷三百里山水画廊。

从遥远的古代起，怒江两岸的傈僳族、怒族等兄弟民族便在怒江两岸架起了溜索桥，飞渡天险。溜索一般架设在江面较窄的地段，一端固定在岸边地势较高的树桩上，另一端联结在对岸较低处的树根上。溜索上有溜板，由一个带钩的滑轮，上挂着两根很结实的棕绳组成。过溜时将绳索分别兜在腰和大腿上，身体成坐状，然后借助滑轮，从溜索的高端滑向对岸。为了便于往返，溜桥一般都架设两根溜索，一根用于过去，一根从对岸高处溜回来。汉朝第二丝绸之路的商旅货物，都是依靠溜索而通过怒江天险的。傈僳族有句名言："不会过溜的人，算不得傈僳族汉子。"然而，旧式的竹篾溜索，每隔两三年就得更换。由于溜索磨断或溜板断裂，不知有多少人葬身万丈深壑。解放后，竹篾溜索和木溜板换成了钢索和铁滑轮，保证了过溜的安全。如今，怒江傈僳族自治州已修成公路600多千米，沿江架设了4座公路桥，16座人马桥和6座钢索桥，真称得上是"峡谷飞彩虹，天堑变通途"。

怒江河谷"一天分四季，十里不同天"。两岸的高山上六月飞雪，玉屑琼泥，凛冽万古。谷地深处则是"万紫千红花不谢，芳草不识秋与冬"。河滩上的双季稻随风摇曳，坡地里的甘蔗林飘着清香。火焰般的攀枝花和彩霞争艳，翠绿的凤尾竹将村寨拥抱。因此，有人曾把怒江河谷比作第二个西双版纳，是别在祖国西南边陲的又一只碧玉簪。在海拔2000米以上，景色大为改观，这里为针阔混交林带。到3000米，生长着魁伟的云南松和英武的台湾云杉。海拔3000米以上，冷杉、雪松、云杉砌起一道封锁严寒的绿色长城。海拔4000米以上，草甸抖开绣花碧裳，覆盖着山洼，怒江河谷又是一幅层次丰富、色彩浓艳的美丽图画。

怒江河谷最令人倾心的是花，全世界的杜鹃花约有800余种，在这里竟达400余种之多。山茶花的种类也不少，像玉兰、龙胆、报春、百合、垂头菊等，数不胜数。鲜花不仅以姝容媚色动人，更馈赠人们众多名贵的药材，如贝母、金耳、黄连、木香、当归、党参、乌头等，怒江河谷不愧是花的世界，药的宝库。在怒江河谷这座森林公园里，还活跃着许多种热带、亚热带的动物。如今，这里已划出两个自然保护区，来保护自然垂直景观带和各种珍贵稀有的野生动植物。美丽富饶的怒江河谷，将成为保护自然动植物的天然宝库。

水力资源丰富的哥伦比亚河

哥伦比亚河是北美洲西部大河之一，源于加拿大落基山脉西坡的哥伦比亚湖。向西南流经美国西北部半干旱区，切穿喀斯喀特山脉，在阿斯托里亚注入太平洋。全长 1953 千米，流域面积 67.1 万平方千米。主要支流包括库特内河、庞多雷河、奥卡诺根河、斯内克河、亚克莫河、考利茨河及威拉米特河。以融雪补给为主，部分靠冬季降水。河流水量大，河口年平均流量 7860 立方米/秒。水位季节变化小。河流大部分流经深谷，河床比降大，多急流瀑布，总落差 820 米，水力储量达 4000 万 ~ 5000 万千瓦，是世界水力资源最丰富的河流之一。干支流建有大小水坝多座，用于灌溉和发

哥伦比亚河

电。大古力水电站是美国规模最大的水电站。哥伦比亚河泥沙含量小，是流域内重要的工农业水源。河流下游盛产鲑鱼。流域内的河流、湖泊和水库，辟有划船、钓鱼等游乐设施。

工农业发达的河流

　　人类诞生伊始濒水而居，近水而种。河流与城市的发生、发展息息相关，河流或穿城而过，城市或滨水一侧。在远古时代河流就为农业提供了稳定的水源和肥沃的土壤，后来，随着水上交通工具的发展，河流成为了城市物资运输的重要通道；在近代阶段，河流对工农业的作用更加重要，不仅成为水源地、动力源、交通通道，而且是污染净化的场所，可见河流与工农业的发展息息相关。

西非的生命之河——尼日尔河

　　尼日尔河是西部非洲最大的河流，也是非洲的第三大河。它发源于几内亚境内的富塔贾隆高原靠近塞拉利昂边境地区的丛山之中，先向北流，在北纬180°处折而向东，成为向北突出的大弧形，后又转向东南，最后注入几内亚湾。干流先后流经几内亚、马里、尼日尔、尼日利亚等国，全长4197千米，流域面积190万平方千米。

　　尼日尔河河源地区属于几内亚的法腊纳省的科比科罗县，方圆约有4770公顷，与塞拉利昂接壤，距大西洋岸约241千米。这里属于丘陵平原地区，溪涧众多，河道深切，两岸丛林茂密。从法腊纳往西80千米，便是高山密林，古木参天，藤蔓绕枝，云遮雾障，莽莽苍苍，给人以神秘之感。据说，时至今日，这个地方还是人迹罕至，是一块未经开发的处女地。河源地区森林草地保护很好，水土流失少，河道水流澄清碧绿，含沙量小。

尼日尔河素以温顺、宁静著称，整个流域地势平缓，落差小，流速慢。据记载，河水从源地流到入海口，需时竟长达9个月。尽管如此，由于受到地壳运动、气候变迁以及河流本身的侵蚀和冲积作用的影响，尼日尔河的上、中、下游的河道宽窄、流量、流速，还是有很大的差别。

在它的上游，从发源地到马里首都巴马科一段，可以说基本上是平缓的，但从巴马科以下到凸向最北端的托萨耶滩，多系丘陵湖泊，河道中不乏险滩和沙洲，流速时缓时急，它最初注入马西纳湖，形成内陆三角洲。从托萨耶再向下流，河道中出现累累石滩，穿过河塔科腊山段，河道陡然变窄，形成峡谷，水流则扬波鼓浪，汹涌澎湃。往下，河道两岸尽是悬崖峭壁，成"U"形曲折迂回，地理学家将此段称为"U"区。冲过布崩山陵地带，河道中接连出现辛德尔群岛和库尔太群岛，河形大变，到尼日尔首都尼亚美附近，地势低洼，河水便漫无边际，好像一个个相联的湖泊，根本不像什么河流了。由此向下的河道，地理学家称之为"谷道"，它形成了尼日尔和贝宁的天然分界线。

在尼日利亚境内，尼日尔河河道受北高南低的地形影响，总的说来呈

尼日尔河

现顺流而下之势，尤其到科洛贾地区，与最大支流贝努埃河汇合后，水势更猛，流速更快，只是到了离海岸约 160 多千米处，与当地无数细小河流混合交错，形成河网密布、沼泽遍地的下游入海口三角洲，其水势被分散，其流速被削弱，复变成汩汩而流的宁静状态！

尼日尔河各段的流量，因受地形和降雨量的直接影响而大不相同，其上游水深 5~6 米，如法腊纳地区流域面积 3180 平方千米，河长 145 千米，最大流量每秒 376 立方米，而到了几内亚与马里毗邻的锡吉里地区，流域面积扩大为 7 万平方千米，河长为 557 千米，最大流量为 6870 立方米/秒，最小流量为每秒 35 立方米，平均流量每秒 1150 立方米。

中游地区河水还受湖泊分水和蒸发的影响，水量的季节差更大。马里的塞占以下地区，每年雨季（6~10 月），洪峰期平均流量为 6000 立方米/秒；旱季（11 月~翌年 5 月）平均流量降为 40 立方米/秒，几乎断流。

尼日尔境内的河道大多处于干旱地带，全年降雨量不过 600 毫米，而蒸发量高达 2000~3000 毫米，因此，尼日尔河系的时令性更为明显，大部分河流为季节性河流，有些河流只不过是地图上的符号而已。

基于同样缘由，在尼日利亚北部河水较小，而接近入海口三角洲地区，流量大而分散，每逢旱季，河道里沙洲片片，人们卷起裤管就可以涉水而过。

尼日尔河流域大部分地区是干旱和半干旱地区，经常受到干旱和风沙的威胁，特别是撒哈拉沙漠正以相当惊人的速度向南推移，就更令人忐忑不安！西非历史上有无数次大规模干旱的记载：那时，河道干涸，湖泊枯竭，空中迷漫着浓重的干雾，吹拂着烫热的"哈马丹"风，地面上蒙着一层厚厚的尘埃，干旱扫光一切植物，驱起了飞鸟和走兽，使植被覆盖率本来不高的大地寸草不生，热带稀树草原化为赤地千里。

为了改变这种情况，尼日尔河流域各国渴望开发尼日尔河的水利资源。早在 1963 年 10 月 26 日尼日尔河流域国家建立了国家间联合机构——尼日尔河委员会，其目的是为了加强、改进和协调它们之间在各项治理行动中的合作。

全年皆可通航的俄亥俄河

俄亥俄河是密西西比河水量最大的支流，位于美国中东部。源出阿巴拉契亚山地，流向西南，干流由阿勒格尼河和莫农加希拉河在匹兹堡附近汇合而成，在伊利诺伊州的开罗附近，注入密西西比河。全长2100千米，流域面积52.8万平方千米。主要支流有卡诺瓦河、肯塔基河、沃巴什河、坎伯兰河和田纳西河。流域内降水丰富，年降水量1000毫米。河流以雨水补

俄亥俄河

给为主，水量丰富，提供密西西比河 56% 的水量。从匹兹堡至朴次茅斯为上游，河谷狭窄，平均宽度小于 800 米；朴次茅斯至开罗为下游，比上游稍宽。全河比降不大，总落差 130 米，水流缓慢。干支流总通航里程约 4000千米，并有运河与伊利湖相通，全年皆可通航。一直是美国中东部重要的水运航道，主要输送煤、砂石、石油、铁、钢材、谷物和木材等。建有 19级活动闸和宽 91.4 米、深 3 米的航道，货运物资以煤、石油、砂、石料、谷类、钢铁产品、石油产品和木材等为主。流域内工农业生产发达，有钢铁、采煤、石油和陶瓷等工业。

俄罗斯的母亲河——伏尔加河

伏尔加河发源于俄罗斯西北部东欧平原西部的瓦尔代丘陵，自北向南

曲折流经俄罗斯平原的中部，注入里海。全长 3690 千米，流域面积 138 万平方千米，占东欧平原的 1/3，是欧洲最长的河流，也是世界上最长的内流河。

伏尔加河发源处海拔仅 225 米，入里海处低于海平面 28 米，总落差小，流速缓慢，河道弯曲，是一条典型的平原型河流。

伏尔加河及其支流从北到南约跨 15 个纬度，流域内自然条件差别很大。上游气候湿润，径流量大，河网密布，有大小支流 5 万多条，其中卡马河（伏尔加河最大的支流）和奥卡河是主要支流。越往下游气候越干燥，河网越稀，从北纬 50° 到河口的 800 千米内，没有一条支流，形成典型的树枝状水系。

伏尔加河

伏尔加河的水源主要是春季的融雪，雪水约占河流水量的 55%。夏秋季雨水供给约占 4%，地下水占 41%，最大流量在春季。春季径流在全年的比重越往下游越大。

伏尔加河冬季结冰，封冻期上游较长，达 140 天；中下游较短，在 90 ~ 100 天之间，大体上从 11 月末开始封冻，到第二年 4 月开始解冻。封冻从上游开始，解冻从下游开始。

伏尔加河也是欧洲流量最大的河流，平均每秒流入里海的水量达 8000 立方米，平均每年有 255 亿立方米的水注入里海，在所有流入里海的总流量中占 78%，对里海的水平衡起关键作用。

伏尔加河长度大，穿越不同地带，水力资源丰富。十月革命前，伏尔加河完全处于自然状态，河水深度仅 1.6 ~ 2.5 米，全河有许多浅滩和沙洲，通航不畅，干、支流上丰富的水力资源基本上未加利用。十月革命后，前苏联于 20 世纪 30 年代起对伏尔加河进行了大规模地整治和综合开发利用，按一级航道标准（最小保证水深 2.4～3 米，宽 85～100 米，弯曲半径 600～1000 米）进行全面渠化，先后在干支流上修建了 14 座大型水利枢纽，并建成了连接莫斯科的长达 128 千米的莫斯科运河，沟通顿河及波罗的海的长为 101 千米的伏尔加—顿河运河，以及长达 361 千米的伏尔加—波罗的海运河。到 70 年代中期，伏尔加河已建成同原苏联欧洲部分其它河网相连的、统一的深水内河航运系统，总长约 6600 千米。通过伏尔加河及其运河，可连接北部的白海、西部的波罗的海和南部的黑海、亚速海及里海，从而实现了五海通航，改善了内陆河的局限性，使莫斯科成为联通五海的大河港。它的主航线可通航 5000 吨级货轮和 2 万～3 万吨级的船队。1975 年，伏尔加—卡马河流域内的内河货运量达 20150 万吨，比革命前的 1913 年增长 37.6 倍，占前苏联内河货运总量的 2/3。

伏尔加河干支流上的 14 座大中型水利枢纽还承担着发电、城市和工业用水、农田灌溉及渔业等综合职能。80 年代初，伏尔加河干流及卡马河上的 11 座梯级水电站的总装机容量达 1130 万千瓦，其中 100 万千瓦以上的大型水电站有伏尔加格勒、古比雪夫、切博克萨雷、萨拉托夫、下卡马和沃特金斯克等 6 座，年平均发电量达 393 亿度。

伏尔加河流域是俄罗斯最富庶的地区之一。长期以来，伏尔加河水滋润着沿岸数百万公顷肥沃的土地，养育着约 8000 万俄罗斯各族儿女，伏尔加河的中北部是俄罗斯民族和文化的发祥地。那深沉、深厚的伏尔加船夫曲，至今仍在人们的脑海中萦绕。马雅科夫斯基、普希金等许多俄罗斯著名诗人，都曾用美好的诗句来赞美她、歌颂她，称她为俄罗斯民族的母亲河。

现在，伏尔加河流域是俄罗斯最重要的工农业生产基地，为俄罗斯经济的稳定和发展作出了巨大的贡献。

其他河流

南美的水电之源——巴拉那河

巴拉那河是南美洲第二大河，全长 5290 千米，流域面积 280 万平方千米。其主源格兰德河出自巴西高原东南缘的曼蒂凯拉山北坡，与巴拉那伊巴河汇合后，始称巴拉那河。由东北向西南流，先后汇入巴拉圭河、乌拉圭河等重要支流，下游折向东南，河口段称拉普拉塔河，注入大西洋。巴拉那河是南美洲中东部重要的内河航道，全年通航里程 2700 千米，先后流经巴西、巴拉圭、阿根廷和玻利维亚。承担阿根廷对外贸易 30% 和巴拉圭对外贸易 90% 的运输任务。流域内蕴藏丰富的水力资源，20 世纪 70 年代以来，流域各国开始合作修建大型水电站。流域内多急流瀑布，其中著名的有伊瓜苏瀑布和瓜伊拉拉瀑布。巴拉那河沿岸农作物丰富，盛产玉米、大豆、高粱和小麦。

打开地图，我们可以看

巴拉那河

到在南美洲东海岸的东南部、乌拉圭和阿根廷之间，有一条很宽的河，叫拉普拉塔河。拉普拉塔，在西班语里，是银子的意思。1526年，西班牙航海家塞巴斯蒂安·卡波特率领一支西班牙远征队，来到拉普拉塔河，并深入到上游内地。他看到当地印第安人身上佩带很多银质饰物，以为这一带银矿丰富，就把这条河称为拉普拉塔河，意即"银河"，并把沿河地区叫作"阿根廷"，也是银子的意思。

拉普拉塔河由巴拉那河和乌拉圭河汇合而成，从巴拉那河和乌拉圭河的汇合处到大西洋的交接处，全长为370千米，入海口最宽达到230千米。如果以马拉那河为源，那么拉普拉塔河长达4700千米。

巴拉那河是南美第二大河，是拉普拉塔河流域中最长和最重要的一条河流。它发源于巴西高原南部，中游有两段河道分别是巴西和巴拉圭及巴拉圭和阿根廷的边界，下游流经阿根廷至与乌拉圭河汇合处，长约4300千米。

巴拉那河常年滚滚奔腾，流经的高原地区，地表起伏悬殊，河床高高低低，加之河水的不断侵蚀，沿河形成了许多大瀑布。跌水和急流，为沿河国家提供了极为丰富的水力资源。巴拉那河的水力利用，对巴西、巴拉圭和阿根廷三国具有很重要的意义。巴西在巴拉那河水系的发电量占全国水力发电量的1/2以上。目前，巴西是世界上水电建设规模最大的国家之一，建设速度和技术均居世界前列。全国耗电量的85%来自水电。

1973年，巴西和巴拉圭政府决定在巴拉那河的瓜伊拉大瀑布到下游巴西的伊瓜苏口市180多千米的河段上兴建水站。这一段河身收束为400米，水深45米，全段河道落差120米，河床由玄武岩所组成，为兴建水电站的良好坝址。"伊泰普"是河中一个小岛的名字，也许是由于奔腾的河水不停地拍打小岛的岩岸发出有节奏的声响的缘故，当地印第安人一个部族瓜拉尼语称之为"伊泰普"，意思是"歌唱的石头"。

伊泰普水利枢纽选址是从10条基准线中选取一条最佳的基准线，该线距连接巴西—巴拉圭两国的巴拉那大桥13.5千米。水利枢纽工程的规模浩大，溢洪道最大设计流量6.2万立方米，水电站坝高190米，坝长7千米，库容为290亿立方米。工程于1975年10月20日开工，到1991年3月全部竣工并交付使用，总装机容量达 1260 万千瓦，安装单机容量为 71.5 万千瓦的机组 18 个，比世界著名的埃及阿斯旺大坝的装机容量还大 6 倍，比美国最大的大古力水电站大 300 万千瓦，全年发电达 750 亿度。

伊泰普工程费用为 140 亿美元，其中直接工程费用 90 亿美元，其余 50 亿美元为与发行工程建设公债有关的支付利息和其他一些费用。

伊泰普水电站的建设，为周围地区带来了一片欣欣向荣的景象。城市发展日新月异。同时，还大大促进了巴拉圭和巴西经济的发展，水电站活跃了巴拉圭的建筑、电子和运输等企业部门，大量的电能可以满足巴拉圭的国内需要和出口，促进基础工业、机械工业和其他大型工程工业的发展。

水量季节变化大的巴拉圭河

81

巴拉圭河是南美洲中南部的一条重要河流，是巴拉那河的重要支流。发源于巴西马托格罗索高原帕雷西斯山东麓，流经巴西西南部和巴拉圭，在阿根廷的科连特斯附近注入巴拉那河。全长 2550 千米，流域面积 110 万平方千米。上游在饶鲁河河口以上，流经山地峡谷，形成一系列急流瀑布。中游在阿帕河河口以上，流经沼泽平原，河面增宽，水流平缓，右岸有面积达 40 万平方千米的大沼泽，是调节水量的天然水库。下游纵贯巴拉圭中部，为巴拉圭东部湿润平原和西部大查科的分界线，亚松森以下河道曲折小岛罗列；右岸陡崖高耸，左岸低矮平坦，雨季时淹没大片土地。流域处于热带草原气候带，10 月~翌年 3 月为雨季，水量季节变化大。除上游外全程皆可通航。重要港口和城市有巴西的科伦巴、

巴拉圭河

库亚巴、埃斯佩兰萨港，巴拉圭的奥林波堡、康塞普西翁、亚松森，阿根廷的福莫萨等。

"黑河"——内格罗河

内格罗河是南美洲亚马孙河北岸最大支流。由发源于哥伦比亚东部山地的瓜伊尼亚河在圣卡洛斯附近汇合卡西基亚雷河后，始称内格罗河。流经巴西西北部，向东南流，接纳布朗库河等支流，在马瑙斯以下 17 千米处注入亚马孙河。全长 2000 千米，流域面积达 100 万平方千米。这里河面宽阔，交通便利，世界上最大的浮动码头内格罗河船运码头就在这里。河道曲折蜿蜒，下游多沙洲。流域内炎热多雨，人烟稀少。因内格罗河流经沼泽，冲出腐殖质，河水黝黑，所以人们称之为"黑河"。而亚马孙河的主干道含有大量沙泥，犹如加了大量牛奶的咖啡，当地的印第安人都称它为白水。随着下游地势渐趋平缓，河水流速减慢，于是就形成了黑、白水交汇的壮观奇景，一直绵延 17 千米。内格罗河在塔普鲁夸拉以下可通航。经内

内格罗河

格罗河和卡西基亚雷运河，使亚马孙河与奥里诺科河两大水系相互通连。

工业发达的流域——顿河

顿河是俄罗斯在欧洲部分的大河。源起中俄罗斯丘陵东麓，东南流，后折向西南，注入亚速海的塔甘罗格湾，长 1870 千米，流域面积 42.2 万平方千米。上游从源头起到索斯纳河口止，流经森林草原带较狭窄不对称河谷后，河床展宽。中游从索斯纳河口起至伊洛夫利亚河汇流处止，有宽广的河漫滩。中游以下流经草原带，大部分河床为齐姆良水库所占据。大坝以下至河口段为下游，河床比降很小，水流缓慢。罗斯托夫以下为顿河三角洲，面积 340 平方千米。主要支流有霍皮奥尔河、梅德韦季察河、北顿涅茨河等。河水补给主要靠雪水。春汛为高水位，秋冬水位最低，结冰期 4 ~ 5 个月。顿河流域是俄罗斯工农业发达地区。齐姆良水电站建成后，使干流同伏尔加河、列宁运河联结起来。主要河港有乔治乌－德治、列别江、卡拉奇、伏尔加顿斯克、罗斯托夫和亚速等。

顿　河

杭州的生命线——钱塘江

钱塘江是我国东南沿海一条重要的河流，浙江省会杭州的生命线。钱塘江流域内人烟稠密，资源富饶，经济发达，为浙江的经济重地。

钱塘江全长 605 千米，流域面积 4.88 万平方千米。钱塘江源出何处，长期以来众说纷纭。20 世纪 80 年代中，浙江科协 14 位科技工作者对此进行了专门考察，认为发源于安徽休宁西南山区六股尖的新安江是钱塘江的正源，而发源于安徽休宁青芝埭尖的兰江，只不过是钱塘江最大的一条支流而已。

钱塘江大潮

自古以来，钱塘江就以大潮而闻名于世。钱塘江的杭州湾，形状像一只向海张口的大喇叭，外宽内窄，出海处宽达 100 千米，到了澉浦附近，收缩到 20 千米左右，西进到海宁盐官附近，就只有 3 千米宽了。海水起潮，由大喇叭口大量涌入杭州湾，受到向湾内缩窄的地形约束，马上升高。加上钱塘江底在澉浦以上升高，江水较浅，大量潮水涌来时，浪头跑不快，前面的浪头还没有过去，后面的又追上来了。

钱塘潮是怎样形成的呢？这与钱塘江入海的杭州湾的形状以及它特殊的地形有关。杭州湾呈喇叭形，口大肚小。钱塘江河道自澉浦以西，急剧变窄抬高，致使河床的容量突然缩小，大量潮水拥挤入狭浅的河道，潮头受到阻碍，后面的潮水又急速推进，迫使潮头陡立，发生破碎，发出轰鸣，出现惊险而壮观的场面。但是，河流入海口是喇叭形的很多，但能形成涌潮的河口却只是少数，钱塘潮能荣幸地列入这少数之中，又是为什么？科学家经过研究认为，涌潮的产生还与河流里水流的速度跟潮波的速度比值有关，如果两者的速度相同或相近，势均力敌，就有利于涌潮的产生，如果两者的速度相差很远，虽有喇叭形河口，也不能形成涌潮。还有，河口能形成涌潮，与它处的位置潮差大小有关。由于杭州湾在东海的西岸，而东海的潮差，西岸比东岸大。太平洋的潮波由东北进入东海之后，在南下的过程中，受到地转偏向力的作用，向右偏移，使两岸潮差大于东岸。杭州湾处在太平洋潮波东来直冲的地方，又是东海西岸潮差最大的方位，得天独厚。所以，各种原因凑在一起，促成了钱塘江涌潮。它和其他潮一样是海水在月亮和太阳的共同吸引下所产生的。每隔 24 小时 50 分钟，海水就发生 2 次涨潮和 2 次落潮。潮汐不但能给人带来美感，也给人们带来巨大的能源。利用潮汐涨落所产生的潮差，可以发电。潮差愈大，发电能量愈大。钱塘江的涌潮，景象固然十分壮观，但更加重要的是，它还蕴藏着巨大的动力能源。据估算，钱塘江涌潮的发电量，可以抵得上三门峡水电站的 1/2 左右。

钱塘江不仅以大潮闻名，它还是杭州的生命之江。杭州位于钱塘江下游北岸，是我国的历史文化名城，已有 2000 多年的历史。五代时的吴越国和南宋王朝先后在这里建都，它与北京、西安、南京、洛阳和开封并称为我国的六大古都。杭州是我国著名的旅游城市，市内西湖景色秀丽、风光旖旎，被誉为"人间天堂"。

支流众多的河流——鄂毕河

鄂毕河位于西伯利亚西部，是俄罗斯也是世界著名长河。鄂毕河在当地不同民族中有不同的名字，其自身长度为 3700 千米，流域面积达到了 260 万平方千米。奥斯蒂亚克人称为 As，Yag，Kolta 以及 Yema，撒摩耶人称为 Kolta 或者 Kuay，西伯利亚鞑靼人称为 Omar 或者 Umar。

鄂毕河是世界大河之一，按流量是俄罗斯第三大河，仅次于叶尼塞河和勒拿河。鄂毕河是由卡通河与比亚河汇流而成，自东南向西北流再转北流，纵贯西伯利亚，最后注入北冰洋喀拉海鄂毕湾。河长4315千米（从卡通河源头算起），流域面积299万平方千米（其中包括内陆水系流域面积52.8万平方千米）。河口多年平均流量12300立方米/秒，实测最大流量43800立方米/秒，实测最小流量1650立方米/秒；年平均径流量3850亿立方米。含沙量沿程呈递减趋势（160～40克/立方米），年平均输沙量5000万吨。从卡通河与比亚河汇口起至托木河口为上游，托木河口至额尔齐斯河口为中游，额尔齐斯河口至鄂毕湾为下游。

鄂毕河源有三说：一说以卡通河作为主源，这样鄂毕河长为4315千米；一说以额尔齐斯河源为源，这样鄂毕河全长为5410千米；一说从卡通河与比亚河汇口算起，长3650千米。

发源于阿尔泰山的比亚河和卡通河在阿尔泰边疆区的比斯克西南汇流形成鄂毕河。比亚河发源于捷列茨湖，卡通河则发源于别卢哈山的冰川。在到达北纬55°前，鄂毕河曲折向北或者向西流，然后向西北划出一个巨大的弧线，然后向北，最终向东注入鄂毕湾。鄂毕湾是一个连接北冰洋喀拉海的上千千米长的狭长海湾。

鄂毕河

鄂毕河流域的可航行河段总长度将近 15000 千米，经托博尔河，可以在秋明与叶卡捷琳堡—彼尔姆铁路相连，然后与俄罗斯腹心地带的卡马河与伏尔加河连接。鄂毕—额尔齐斯河组合水系的长度居亚洲第二位，大约为5410 千米。最大的港口是额尔齐斯河上的鄂木斯克，与西伯利亚大铁路相连。有运河与叶尼塞河相连。鄂毕河从巴尔瑙尔以南开始，每年 11 月初到第二年 4 月末都是冰封的，而距离河口 160 千米的萨列哈尔德以下，则从则从 10 月底到第二年 6 月初结冰。鄂毕河中段从 1845 年起有蒸汽船航行。鄂毕河河网密布，支流众多。流域内有大小支流 15 万条以上。从左岸汇入的较大支流有：卡通河、佩夏纳亚河、阿努伊河、恰雷什河、阿列伊河、舍加尔卡河、恰亚河、帕拉别利河、瓦休甘河、大尤甘河、大萨雷姆河、额尔齐斯河、北索西瓦河、休奇亚河等；从右岸汇入的较大支流有：比亚河、丘梅什河、伊尼亚河、托木河、丘雷姆河、克季河、特姆河、瓦赫河、特罗姆约甘河、利亚明河、纳济姆河、卡济姆河、波卢伊河等。

阿纳德尔河

阿纳德尔河位于俄罗斯马加丹州的楚科奇自治区，是远东地区东北部的最大河流。河流全长 1150 千米，流域面积 19.1 万平方千米。发源于阿纳德尔高原的中部地区。河流出河源区时，流向朝南，进入低地后河流转而朝东及东北向，最后流入白令海阿纳德尔湾的奥涅缅湾。距河口 254 千米附近的年平均流量大约是 1000 立方米/秒。

阿纳德尔河上游较大支流有麦奇基列瓦河、大彼列当河、小彼列当河、亚布隆河和耶里波尔河。中游较大支流有马英河与别拉亚河。下游的较大支流有塔纽列尔河、堪恰丹河、克拉斯尼纳河、勃尔沙亚河及沃耳乞亚河等。

马英河是阿纳德尔河的右岸支流，河长 475 千米，流域面积 3.28 万平方千米，发源于品仁纳山脉坡地上的马英湖，河流大部分是在宽阔的河谷中间往东北方向流。河流平均流量约为 260 立方米/秒。

塔纽列尔河是阿纳德尔河左岸支流，河长 482 千米，流域面积 1.85 万平方千米，发源于佩库里涅伊山脉。上游为山区性河流，下游主要是沿着阿纳德尔低地流淌，并被分成一些河汊。在该河流域内有许多小型的湖泊（流域的湖泊率为 2.5%）。

阿纳德尔河流域位于东经 165°1′~177°、北纬 62°5′~68°之间。

由于阿纳德尔河发源于高原，且水源是坡度大的湍急山洪，因此，它自源头起的大约 550 千米距离内保持着山区河流的性质。在上游，河谷狭窄。在中游，河流具有平原河流的特性。阿纳德尔河大部分有宽阔的、发育良好的河谷，有的地方被汊河分割，岸上长满柳林，接近河口处则遍布苔原植物。阿纳德尔河的下游，受潮水涨落的影响，河床宽达 3~4 千米，在河口附近，河床扩宽至 6~7 千米。

阿纳德尔河的河水补给主要为融雪和雨水。河流在 10 月中旬~10 月底封冻，于次年 5 月底~6 月初解冻。沿阿纳德尔河小型船只可航行至马尔科沃村。

泰梅尔河

泰梅尔河位于俄罗斯克拉斯诺雅尔斯克边区的泰梅尔自治区，发源于贝兰加山脉，河流先向东北流，然后转向正北流，最终注入喀拉海的泰梅尔湾。河长 840 千米，流域面积 12.4 万平方千米。

泰梅尔河是泰梅尔半岛上的最大河流。在河水注入泰梅尔湖之前，被称为上泰梅尔河。上泰梅尔河沿贝兰加高地南坡流淌，最后注入泰梅尔湖（此段河流长度为 567 千米）。河流穿过泰梅尔湖后，称为下泰梅尔河（此段河流长度为 187 千米）。

泰梅尔河河水补给主要是融雪。从 6 月中至 9 月为其汛期。冬季（11 月~次年 5 月）的径流量还不到其年径流量的 8%，其多年年平均流量约为 1220 立方米/秒。

泰梅尔湖，长约 250 千米，面积为 4560 平方千米，平均深度为 2.8 米，最大湖深为 26 米。

注入泰梅尔湖的主要支流有：扎帕德纳亚河、谢维尔纳亚河、比卡达—恩古奥马河、亚姆塔里达河和卡拉米萨莫河。

"狂热的流浪者"——阿姆河

阿姆河是亚洲主要的内陆河流之一。它发源于帕米尔高原东南部和兴都库什山脉海拔的 4900 米的山地冰川，是两大沙漠的界河，以河槽易变而著称。女诗人玛格丽达·阿里格尔在她一首史诗中称阿姆河为"狂热的流浪者"。

阿姆河是中亚细亚水量最多的河流。河长从其最远的源头——瓦赫集尔河算起，约 2500 千米，而从两个主要河源——喷赤河和瓦赫什河的汇流处算起，总长为 1400 千米。流域南北宽960 千米，东西长 1400 千米，面积为 46.5 万平方千米。瓦赫集尔河及其下游瓦汗河发源于阿富汗，喷赤河

阿姆河

发源于瓦汗河和帕米尔河的汇合点。喷赤河全程均为塔吉克和阿富汗的边界河。

阿姆河上游的 250 千米一段也沿边界河流动。在这一段阿姆河穿流在阿富汗—塔吉克凹地的砾岩和黄土层上。克利弗村开始是阿姆河谷的幼年谷地，因为河川流经在地质上不久前是沿克利弗乌兹博伊干河床往西，再流往卡拉库姆沙漠南部，流入科佩特山脉前的凹陷。后来，在一次较大的湿润期，阿姆河决口流向西北咸海方向，而在这以前曾是阿姆河左岸支流的

斑迪巴巴河（巴尔赫河），流进了克利弗乌兹博伊干河床的低洼地，斑迪巴巴河现在流入阿富汗境内。

阿姆河中游，河水流入平原后的 1200 千米间无支流注入，为穿越干旱荒漠的过境河流。在夏季高山积雪与冰川融化时，水位与流量变化就很强烈，有一种惊人的破坏力。喷赤河下游从法扎巴德卡尔起可以通航，但是经常发生主航道泥沙堵塞和整段河槽的河变，这给航行造成了很大的困难。

阿姆河的复杂历史也反映在下游地段，甚至已转向西北的阿姆河也不总是注入咸海。有一段时期，它转向位于咸海西南的萨里卡米什凹地，在那里甚至出现了注往里海的径流。阿姆河还有一个奇怪的特点与此有关：它有 2 个三角洲，一上一下。在阿姆河穿流苏勒坦—伊兹达格低山地的地方，塔希阿塔什石岬附近的狭窄地段把两个三角洲分开。上三角洲形成于阿姆河流入萨里卡米什凹地的时期。在这个三角洲上有早在古典时期就已极为繁盛的花剌子模绿洲，它在中世纪曾是独具风格的繁荣的文化中心。直至今天，它的灌溉渠网也是纵横交错。阿姆河自古多洪水泛滥，"阿姆河"意即"疯狂的河流"。这里土地肥沃，不断得到大量河流淤泥的补充。阿姆河在悬移质的淤泥量上位于世界大河的前列，超过了尼罗河。它的暗褐色的水流每年带到咸海达 1 亿吨泥沙。阿姆河"依靠"咸海的水位构成下三角洲。

帕米尔高原的永久积雪和冰川是阿姆河河水补给的主要来源。流域的山区冬春降水量较多，年降水量可达 1000 毫米。春季雪融，3～5 月开始涨水；夏季山地冰川融化，6～8 月水位最高，流量最大；9 月～翌年 2 月，流量减少，水位降低。流域的平原地区年降水量仅 200 毫米，下游地区更不到 100 毫米，没有支流注入，却有 25% 的流量用于灌溉和失于蒸发，以致下游水少且不稳定。

阿姆河是中亚地区的水运中心。从河口到铁尔梅兹约 1000 千米可通汽船。在秋冬枯水期从河口到查尔朱约 600 千米仍可通航。但由于多沙洲和浅滩，不利航行，货运不大。从河口到铁尔梅兹已建有综合水坝系流，可防洪和引水灌溉；在阿姆河左岸修建的卡拉姆运河，可向阿什哈巴德供水灌溉；从阿姆到克拉斯诺伏斯克的土库曼大运河，已对农业起了很大作用。

在上游还建河道纵横。地形多样，在流经的土地上有山地、凹地、高原、绿洲等，构成了一幅浓墨重彩的立体画卷；盛产稻米、棉花、葡萄、梨等；河口三角洲长约 150 千米，面积 1 万平方千米，盛产芦苇、柳和白杨等林木。流域内水产主要有：鲟鱼、鲑鱼；动物主要有野猪、野猫、豺、狐、野兔等，鸟类多达 211 种。

克里希纳河

克里希纳河昔称基斯特纳河，位于印度南部，是印度的大河之一。发源于马哈拉施特拉邦境内的西高止山脉，源头在默哈伯莱什沃尔山附近的牛嘴峰。河流先向东流，然后折向南流经卡纳塔克邦，再转东流入安得拉邦，最后蜿蜒流入河口三角洲，在默吉利伯德讷姆附近注入孟加拉湾。河流全长 1400 千米，流域面积 25.9 万平方千米，河口处多年平均流量 1730 立方米/秒。流域地理位置为东经 73°～83°，北纬 12°～18°。

克里希纳河河网密布，支流众多，且大都集中于上游。比较大的支流有戈伊纳河、卡德布勒帕河、默尔布勒帕河、栋河、比马河、巴拉尔河、栋格珀德拉河、丁迪河以及穆西河等。

其中栋格珀德拉河是其最大支流，全长 643.6 千米，由栋格河、珀德拉河、沃勒达河以及赫格里河组成，整个流域面积达 6.96 万平方千米。

克孜勒河

克孜勒河发源于土耳其瑟瓦斯省与埃尔津姜省交界附近的伊姆兰勒东南 30 千米处，河流先向西南方向流经土耳其中部高原，在流出希尔凡勒水库后折向东北流，在巴夫拉城附近汇入黑海。河流全长 1160 千米，流域面积 7.8 万平方千米，年平均径流量 63 亿立方米。流域地理位置为东经 32°51′～38°26′，北纬 38°26′～41°45′。

克孜勒河主要支流有代夫雷兹河、代利杰河等。

克孜勒河流经土耳其中北部的安纳托利亚高原，地势南高北低，上游地区以高山高原为主，下游及入海口为平原地带。

流域内气候上游夏季干热，冬季多雨；下游冬季寒冷多雨，夏季凉爽。平均气温 1 月份在 10℃以下，6 月份在 20℃左右。流域上游年降雨约为 200 毫米，下游至黑海沿岸年降雨量为 1500 毫米。实测最大流量 1045 立方米/秒，最小流量 15 立方米/秒。

克孜勒河

流域所处的安纳托利亚高原土壤贫瘠，大部分为酸性，不利于农作物生长。

流域内水资源较为丰富，特别是中下游水量较多，且水位落差大，水能资源丰富。理论水能蕴藏量达 232.7 万千瓦，可发电 71.70 亿千瓦时。

鉴于该河中下游丰富的水能，土耳其政府已对该河进行了开发。

大同江

大同江是朝鲜第五大江。发源于朝鲜咸镜南道狼林山东南坡海拔 2184 米处，向西南方向流，先后流经平安南道、平壤市，在南埔附近汇入西朝鲜湾，最后注入浩瀚的黄海。河流全长 439 千米，流域面积 2.03 万平方千米。整个流域处在东经 125°15′~127°02′，北纬 38°08′~40°20′之间。

大同江流域支流众多，其主要支流有南江和载宁江等。

由于河水较深，从河口到松林可通 4000 吨的船只，河口以上 65 千米可通 2000 吨船只。上游地区灌溉发达。

大同江的铁桥

　　大同江上从上至下先后建成了顺川、成川、烽火、美林和西海（又名南浦）5 座水闸，取得了防洪、灌溉、航运、供水、发电等综合效益。美林闸库容 1 亿立方米，水库周围建有 59 座扬水站。位于大同江口的西海闸，总库容 27 亿立方米，挡水前缘总长 8 千米，枢纽建筑物包括土坝 4.6 千米；混凝土坝 2.4 千米；31 孔水闸，每孔净宽 16 米；副坝过水坝段；2 万吨、5 万吨、2000 吨级船闸各一座。工程于 1981 年 5 月开工，1986 年 6 月竣工，可灌溉 20 万千米海涂。西海闸坝枢纽能够对大同江 126 亿立方米的年径流量进行有效地调节，并配合其上游的美林闸、烽火闸联合运行，给歧阳灌溉系统和艮波灌溉系统补充水量。按规划，上游还将建 12 座水库。

讷尔默达河

　　讷尔默达河亦称讷巴达河，发源于印度中央邦靠近贾巴尔普尔的迈格拉岭西北坡，河流向西流经萨特普拉山与温迪亚山之间的谷地，最后在布罗奇以西50千米处注入阿拉伯海的坎贝湾。河流全长1310千米，其中位于中央邦及其河谷地带的一段河长1078千米，沿马哈拉施特拉邦与中央邦以及古吉拉特邦的分界线的流程约72千米，入海口河段长160千米。流域面积约9.9万平方千米，河口多年平均流量1332立方米/秒，年平均径流量420.05亿米方米，多年平均输沙量0.6137亿吨。

讷尔默达河河网密布，流域内大小支流达到41条，干流绵延很长，在其上游部分河段，干支流形成扇形；在入海口处坎贝湾形成一宽约28千米的交汇河口。该河主要支流有：希兰河（流域面积4791平方千米）、巴纳河、戈拉尔河和奥斯朗河等；另外还有塔瓦河、乔塔—塔瓦河和昆迪河等支流汇入。

讷尔默达河

讷尔默达河流域位于印度中西部，处在东经70°～78°、北纬20°～23°之间。流域狭长，地势总体上东高西低。上游贾巴尔普尔以上为高原（属于德干高原），贾巴尔普尔以下为宽广的平原，再向下游为丘陵山地地形，进入河口地段为冲积平原。

讷尔默达河流域属热带季风型气候。冬季较暖，温度一般在20℃左右，夏季炎热，最高温度达40℃左右。

流域内降雨比较丰富，年降雨量平均超过1200毫米，其中东部高原地带高达1400毫米，西部低洼地带只有700毫米左右。降雨大多集中在6～7月的湿季（占95%），实测最大流量为58000立方米/秒，最小流量为9立方米/秒。

流域虽小，但水量充沛，具有丰富的水能资源，其理论蕴藏量超过200万千瓦，其中大部分位于中下游。

讷尔默达河尽管水资源较丰富，但相对于其他河流，其开发的程度远远不够。对此，印度政府已对讷尔默达河进行了规划，规划中提出修建30座大坝（包括19个灌溉工程，7座水电站和4个综合工程），其中11座大坝位于讷尔默达干流上，比较著名的工程有萨达尔萨罗瓦尔水电工程、讷尔默达总干渠引水工程等，后者有世界上在建的最大人工衬砌渠道，总长445千米，输水能力大于1130立方米/秒，它建成后，可将古吉拉特邦南部多余的水引到绍拉什特和卡奇进行灌溉。另外，在流域内还计划建造125座中型坝和3000多个小型灌溉工程。

洪灾严重的信浓川

信浓川发源于关东山地的甲武信岳，注入日本海，干流全长367千米，是日本最长的河流。流域面积约12340平方千米，居日本第三。从源头到长野县与新潟县边界的一段为其上游，又称千曲川，长214千米，流域面积7163平方千米；从新潟县与长野县边界起至大河津分洪道止为其中游段，流域面积3320平方千米；大河津洗堰以下到河口为下游段，流域面积1420平方千米。中下游段称为信浓川，共长153千米。小千谷流量站年径流量156亿立方米。

信浓川流出发源地后，向北流经小诸市和上田市，进入长野盆地，在此段有左支流犀川汇入。流过新潟县与长野县边界之后，先后有中津川、清津川和鱼野川汇合，进入新潟平原，在分水町分出大河津分洪道，继而又分出中之口川，并先后与五十岚川、刘谷田川、加茂川汇合，最后再分出关屋分洪道，穿越新潟市中心注入日本海。信浓川上游的千曲川流域属高山地形，地层以安山岩为主。信浓川中下游流域由于河流向两侧侵蚀，岩坡崩塌，形成了两岸的山谷和壮观的河岸阶地；岸坡崩塌后随水流流下的泥沙，在下游形成冲积平原。

信浓川的上游表现为最典型的内陆气候，其南部呈明显的东海地方气候特征，而其北部则受北陆地方的影响，气候条件复杂。以年均气温为例，长野为 11.3℃，松本为 11.0℃，轻井泽为 7.7℃，新潟市为 13.0℃。由于地形复杂，因而信浓川流域的年降水量也迥然不同。例如，千曲川下游为 1400~1800 毫米，上游为 1000~1400 毫米，中游约为 1000 毫米。信浓川中下游的降水量显示出日本海的气候特征，每年 11 月~次年 2 月的降水量占年降水量的 40%~50%，多为降雪所致。其次是 6~7 月的梅雨季节，往往会有大的降水。年降水量的时空分布大体为：沿海岸的平地部最少 1900 毫米，山地附近的平地部 2600 毫米左右，信浓川下游的山区为 3000 毫米左右，其中游段的山地部为 2000~2500 毫米。鱼野川沿岸最大，为 2500~3000 毫米。

信浓川属于洪水多发型河流，上游段的洪水成因主要是所谓的"风水害"，风害系指台风期的洪水灾害，水害则是指融雪期和梅雨期集中暴雨产生的洪水灾害。信浓川中下游河段的主要洪水一般产生于 3~4 月的融雪期和 7~10 月的大雨期。大雨期的洪水主要发生在梅雨前期、秋雨前期以及台风和雷雨等集中降雨的时节。据观测资料，信浓川历史最大洪水出现在 1959 年 8 月 14 日，最大洪水流量 7260 立方米/秒。

信浓川上游段和中下游段的洪水有所不同。上游段的洪水俗称"铁炮水"，是在遭遇大的降雨时，由众多的山溪小涧的洪水汇集而成。这些小支流大多流程短，坡降大，故洪峰的形成速度很快，洪量很大，易于泛滥成灾。而在信浓川中下游段，融雪期时若气温为 10℃、风速为 5 米/秒，融雪量相当于 45 毫米/天的降雨量。融雪径流虽然速度慢，时间长，但由于是连续不断地产生，因而会使河流水位上涨，此时若遇与之相当程度的降雨，就会形成洪水。据统计，741~1930 年，信浓川共发生较大洪水约 130 次，平均不到 10 年一次；1931~1960 年的 30 年间，有记载的洪灾更是多达 23 次，几乎年年有洪灾。历史上损失最严重的洪灾有 2 次：①1847 年大洪水。当年 4 月 14 日，日本发生了善光寺大地震，更科郡岩仓山崩塌，封堵了犀川，20 余日后，堵口处破堤，洪水直扑而下，冲毁房屋 34000 余间，淹没农田无数，死者 12000 余人。此次洪水在日本俗称"信州水"或"地震水"。②1926 年的大洪灾，当年 7 月 27~30 日连续降大雨，估计总降水量将近 800 毫米。大雨致使山岳塌滑，溪谷阻断，浊浪冲毁森林，冲垮桥梁和房屋，以极快的速度淹没了枥尾盆地。据调查，此次洪水冲毁堤防231处，淹没耕地31779町步（约合31524.8平方千米），损坏房屋1000余幢，桥梁505座，死伤200余人。此外，1958年7月的台风暴雨洪水，受淹户数达11848户，淹没水田12069畈（119724.5平方千米），旱地519畈（5148.5平方千米）。

关于信浓川河流利用与防洪有以下几项：

（1）挡沙工程：此项措施主要是通过在荒山秃坡上植树种草护坡、建造拦砂坝并加固河床解决泥沙下流，以及兴建配套的河道工程、护岸工程和挑流工程，以稳定河道，防止河水流态进一步恶性化等。到20世纪80年代初，信浓川水系共完成固坡174.4千米，挑流丁坝589处。

（2）防洪工程：信浓川的防洪工程主要有2种类型：①是在上游干支流修建水库拦蓄和调节洪水；②是在下游修建分洪渠道，使超量洪水经由分洪渠道直接入海。到1992年，上游的长野县境内共兴建7座防洪水库，总库容7000多万立方米。另外，在中下游的新潟县也建有6座防洪水库，总库容近1亿立方米。已建成的分洪渠道有大河津分洪道和关屋分洪道，大河津分洪道长10千米，土方开挖量2800万立方米，建成有活动堰和冲沙堰，1923年8月建成；关屋分洪道长2千米，土方开挖量60万立方米，建有新潟大堰、信浓川大闸，1969年3月建成。

（3）堤防与河道整治工程：此类工程主要包括开挖河道，加高堤防，以增大河道的过流能力；采用钢筋混凝土材料，加固河岸、堤防，设置丁坝改善水流流态；对蜿蜒曲折的河段进行裁弯取直、建设排水函闸和加强河流的维护管理等。到80年代初，信浓川水系共建成堤防106.2千米。

除工程措施外，还十分重视非工程防洪措施，流域内建立了防洪预警系统。根据《防洪法》和《气象业务法》的有关条款，由日本建设省和气象厅共同进行信浓川的洪水预报，包括其支流犀川和关屋、大河津两条分洪河道。洪水预报分为"洪水注意"、"洪水警报"和"洪水信息"3种。发布"洪水注意"的标准是：若干个指定的水位站水位有可能突破警戒水位，或者估计不超过警戒水位而有可能发生灾害时；发布"洪水警报"的标准是一旦泛滥会严重损害国民经济建设时；发布"洪水信息"是洪水预报以外有关洪水的信息，是有关洪水预报的补充说明。信浓川流域用作发布防汛警报的观测站共有 19 个，有设在干支流河道上的，也有设在坝库上的。防汛警报分为准备—出动—状况—解除四个阶段，每个阶段都有较明确的内容要求。另外，信浓川有一个覆盖全流域的河川信息系统，负责监测、收集和向有关部门提供水雨情信息和水质信息。

（4）水力发电：到 1967 年，全水系共建成大中小型水电站 100 座，总装机 100 多万千瓦。流域内还建有新濑和奥清津两座抽水蓄能电站，装机容量分别为 128 万千瓦和 160 万千瓦。

（5）灌溉与供水：信浓川流域内一半以上人口（约 170 万人）靠信浓川供水；另外信浓川也是流域内工业、农业用水的最主要的来源。结合防洪、灌溉、供水、发电等的需要，流域兴建了一些较大的综合利用工程（坝高 100 米以上）。

四个国家的界河——库拉河

库拉河是一条国际河流，发源于土耳其东北部卡尔斯省境内安拉许埃克贝尔山西北坡，在土耳其境内该河叫科拉河。河流先由西朝东北流，后转向东南流，经土耳其、格鲁吉亚和阿塞拜疆等国，最后注入里海。河流全长 1364 千米，流域面积 18.8 万平方千米，河口多年平均流量为 575 立方米/秒，径流量 181 亿立方米。

库拉河支流众多，主要有：左岸的阿拉扎尼河、阿拉格瓦河等；右岸的阿拉斯河、杰别德河、沙姆浩尔河等。

阿拉斯河位于外高加索，是库拉河的最大支流，在亚美尼亚、阿塞拜疆，该河又称阿拉克斯河。河长 1072 千米，流域面积 10.2 万平方千米。该河发源于土耳其境内的宾格尔山脉坡地，后流经亚美尼亚、伊朗、阿塞拜疆诸国，该河大部分河段为上述四国间的界河。上游是山地河流，大部分在狭窄的峡谷中流淌。阿胡良河从左侧注入以后，河谷扩宽，河流进入阿拉拉茨平原，并分成了许多河汊。纳希切万恰亚河注入后，阿拉斯河开始

库拉河上的孔桥

进入深谷地段,最后流进库拉—阿拉克辛低地,在距库拉河河口 240 千米处的萨比拉巴德城附近注入库拉河。阿拉克斯河的河水补给以地下水和雪水为主。流域降水不多,因而水量较小。阿拉斯河流域的河流多经无林山地,挟带大量悬移质泥沙,其年均输沙量约 1600 万立方米。主要支流有:左岸的阿胡良河、拉兹丹河、阿尔帕河、沃罗坦河、巴尔火沙德河等;右岸的科图尔河、卡拉苏河等。

塞凡湖是阿拉斯河流域最大的湖泊,位于亚美尼亚火山高原上,湖泊面积 1416 平方千米,最大深度为 100 米。塞凡湖汇聚着来自阿列贡尼、塞凡、格加姆和瓦尔捷尼诸山脉的水。自塞凡湖流出的拉兹丹河,注入阿拉斯河。

阿拉扎尼河位于格鲁吉亚和阿塞拜疆境内(其中一部分为两国国界),发源于大高加索山脉的南坡,注入库拉河上的明盖恰乌尔水库。河流全长 351 千米,流域面积 10.8 万平方千米,年平均流量约为 98 立方米/秒,径流量 30.8 亿立方米。

库拉河流域位于大高加索以南，在东经 41°5′～49°、北纬 38°～42°5′之间。流域大部分为亚美尼亚火山高原和大小高加索山脉所盘据，小部分为库拉—阿拉克辛低地。

在博尔若米峡谷以上的上游地区，库拉河奔流在山间盆地与平原交替出现的河谷中，自博尔若米峡谷到第比利斯市的中游地段，河流基本上在平原上流动。第比利斯以下，河床在局部地区被分成一些河汊，河谷扩宽：右侧是博尔恰林平原，左侧是干涸的卡拉亚兹草原。在明盖恰乌尔村附近切穿最后的峡谷—博兹达格峡谷，然后进入库拉—阿拉克辛低地，并直抵里海。此段河流蜿蜒曲折。

在库拉河中游有来自大高加索山脉南坡的阿拉格瓦河、阿拉扎尼河和发源于亚美尼亚火山高原和小高加索山脉的无数右岸支流汇入。

在距河口 236 千米处，接纳了其最大支流阿拉斯河。注入里海时，库拉河形成了面积为 100 平方千米的三角洲。三角洲一年要向里海推进 100 米。

库拉河流域位于温带和亚热带的交界处。1 月平均气温 4℃左右，7 月的平均气温 25℃左右。流域年降水量约 300 毫米左右。河水补给比例是：融雪水占 36%，地下水占 30%，雨水为 20% 左右，冰川补给为 14%。春季（4～6 月）的径流量占年径流量的 44%～62%（4～5 月），夏季（7～9 月）占 12%～23%，秋季（10～11 月）占 4%～16%，冬季（12～3 月）占 9%～24%。

库拉河及其山地支流由于落差很大，所蕴藏的水能资源丰富。现在，在库拉河干流上已建有奇塔赫维、泽莫阿夫查尔、奥尔塔恰拉以及明盖恰乌尔等水电站，支流上也兴建了一些水利工程。

渔业发达的勒拿河

勒拿河位于东西伯利亚，全长 4400 千米，流域面积 249 万平方千米，是俄罗斯最长的河流，世界第十长河流。源出贝加尔山脉西坡，沿中西伯利亚高原东缘曲折北流，注入北冰洋拉普捷夫海。从河源至维季姆河入口处为上游，维季姆河河口到阿尔丹河汇流处为中游，阿尔丹河河口以下为下游，入海处每年有约 1200 万吨悬移质泥沙和约 4100 万吨溶解物质淀积，形成俄罗斯境内最大的河口三角洲，面积约 3.2 万平方千米。河水补给以冰雪融水为主，水力资源丰富，约有 4000 万千瓦，支流上建有马马卡斯克和维柳伊斯克水电站等。干、支河流被广泛利用浮运木筏。乌斯季库特以下可通航。下游渔业发达，主产马克鲟鱼、西伯利亚白鱼、聂利马鱼、凹目白鱼、江鳕等。流域内森林、煤、天然气、铁、金、金刚石、云母、岩盐等资源丰富。主要河港与经济中心有基廉斯克、奥廖克明斯克、波克罗夫斯克、雅库茨克、桑加尔等。

勒拿河

101

加拿大第一长河——马更些河

马更些河是加拿大第一长河，全长 4241 千米，流域面积 180 万平方千米，也是全球流经北极苔原地区的最大河流。发源于加拿大落基山脉东麓，阿萨巴斯卡河向东北注入阿萨巴斯卡湖，出湖后与皮斯河汇合成奴河，往北注入大奴湖。从大奴湖流出后，始称马更些河，西北流入波弗特海。河东曾受第四纪大陆冰川影响，缺乏较大支流，但湖泊众多，多有水道与马更些河相连；河西有多条源于落基山脉的支流贯注。包括阿萨巴斯卡湖、大奴湖、大熊湖等，其中大熊湖是加拿大最大的湖泊。因地处高纬，气候严寒，河流冰冻期很长。流域内年降水量不足350 毫米，水源补给以冰雪融水为主。马更些河是联系偏远的加拿大北部与南部地区的重要航路，特别是在运送大熊湖、大奴湖一带镭、铀、铅、锌、金等矿产品方面起重要作用。

马更些河

台伯河

　　台伯河是意大利中部河流。源出亚平宁山脉海拔 1268 米的西坡，纵贯亚平宁半岛中部，经罗马市区后注入第勒尼安海，全长 405 千米。台伯河是罗马市内最主要的一条河，罗马城就在台伯河下游，跨台伯河两岸。佩鲁贾以下河谷显著加阔，有内拉河、阿涅内河等支流汇入。含沙量大，下游淤积严重。每年冬、春为洪水期，夏、秋为枯水期。自古代起，在罗马曾有多次造成重大损失的洪水记录。河口到罗马以北约 45 千米的河段可全年通航。

台伯河

一条发生巨变的河流——海河

　　在我国华北平原，有一条河流，滔滔河水，滚滚东流，这就是著名的海河。

　　海河，起自天津市西部的金刚桥，东至大沽口，注入渤海。全长70多千米。它的上游有南运河、子牙河、大清河、永定河、北运河等5条河流和300多条支流。海河和这些支流，像一把巨型的扇子铺在冀东大地，组成了我国华北地区最大的水系——海河水系。

　　海河水系所流经的地区西起太行山，东临渤海，北跨燕山，南界黄河。河北省的大部分地区都处在海河流域。我们伟大祖国的首都北京市和著名的工业城市天津市座落在海河流域的东北部。全流域面积26.5万平方千米，人口7000多万。

海河水系大部分源于西面黄土高原的太行山脉和燕山山脉，上游山区支流多，坡度陡，源短流急；中游地势平坦，河水流速缓慢。海河的许多支流，从高原进入平原以后，为什么不继续东流单独入海，而是挤在一起由一个通道出海呢？这是因为海河流域南部属于黄河泛滥堆积的三角洲，泥沙堆积

海河沿岸

多，地势高，因而整个海河流域的地势南面高北面低，天津地区地势最低。海河水系的五大支流就在地势最低的天津地区集中起来，然后通过河道并不宽大的海河流入渤海。一条河流，支流这么多，出海口又只有一个，每当暴雨一来，各支流大量洪水同时涌出海河，海河就"吃不消"，于是河水破堤而出，发生泛滥。而且，海河各条支流带来很多泥沙，河道淤塞相当严重，加上黄河经常泛滥，侵夺和淤塞海河南部各支流，严重地削弱了海河的排洪能力。洪水一来，海河流域千里平原汪洋一片。

根据历史记载，从公元 1368～1948 年的 580 年间，海河流域水灾就有 387 次，旱灾 407 次，而且许多年份，还是水旱交替，重复受灾。在低洼地区，由于上游来的洪水和当地雨水没有出路，不仅庄稼被淹，年深日久又造成土地碱化，成了"春天白茫茫（土地盐碱），夏天水汪汪，种地难保苗，见碱不见粮"的苦地方。

新中国成立后，海河也从此发生了翻天覆地的变化。针对海河流域危害最大的洪水灾害，政府首先抓了防洪工程。整修了残破堤防，清理了潮白河、永定河的中下游河道，开辟了一些分洪河道和排水渠，并在永定河上游，兴建了海河流域第一座大型水库——官厅水库。

海河流域的两岸人民先后开挖了宣惠河、黑龙港河、子牙新河、滏阳新河、独流减河、永定新河以及德惠新河等骨干河道 24 条，总长度达 2500

多千米。修筑了 17 条大型防洪大堤，总长度达 1690 千米。这些骨干河道再配上许多支流和沟渠，大大增强了海河的防洪排涝能力。特别重要的是，新开挖的河道有好几条都是直接入海，比如子牙新河、滏阳新河、永定新河以及北京排污河等，都是如此。这样，如遇大水，海河许多支流的洪水，可以分头排到渤海去，不必再拥挤到天津地区由海河出海了。这就从根本上提高了海河的排洪速度，使海河防洪排涝能力大大提高，基本上免除了这些河道经过的地区洪涝灾害对工农业生产的威胁。

但是，海河流域的洪水只发生在七八月间的很短的几天时间里，一年当中的大部分时间，降雨很少，气候比较干燥，特别是春旱比较严重。因此，治理海河，既要考虑防洪排涝，又要重视防旱抗碱。为了做到"遇旱有水，遇涝排水"，在整治海河河道的同时，还需多打机井，大力开发地下水，创造旱涝保收的稳产高产田。在那些地势低洼，易涝易碱的地区，修台田，治盐碱，并且在山区植树造林，修建拦蓄洪水的水库。通过治理，宽敞的河道，牢固的大堤，像一条条玉带平铺在海河流域的广阔平原上。在纵横交错的河流、渠道上，数万座桥梁、闸、涵洞修筑起来了，几个主要入海口，都耸立着雄伟的防潮闸，平时，它可以使上游来的淡水存在河道里，把海水挡在外面，做到咸淡分家，洪水来了，又可排洪入海。今日的海河，正在由千年害河变为造福于海河流域广大人民的利河。

东北亚的国际水道——图们江

图们江发源于我国长白山将军峰东麓，至密江后折向东南，流经中、朝、俄三国边境，出中俄边境的"土"字牌，经俄、朝之间注入日本海。全长 516 千米。干流从源头到珲春市防川的"土"字牌为中朝界河，长约498 千米，"土"字牌至入日本海海口 18 千米。

图们江出海口地段处在东北亚地区的中心，向外，可以面对日本海沿岸各国；向内，则为广阔的东北亚地区腹地，地理位置十分优越。图们江干流两岸为我国东北、朝鲜和俄罗斯远东的滨海地区。由图们江出海，北

通俄罗斯远东诸港，南达朝鲜半岛，东渡日本海直抵日本西海岸各港，并

可通达太平洋沿岸各国各地区，乃
至世界各地。

当世界经济中心由大西洋地区
转向亚太地区的时候，东北亚则是
联结和促进太平洋地区经济发展的
最重要的交汇点。我国的东北地
区，特别是吉林东部的图们江流域
的经济发展，对东北亚沿海地区的
经济合作与发展有着特别重要的
意义。

图们江三角洲位于图们江入海
口中、朝、俄三国交汇地带，它地
形平坦，四周为侵蚀低山，为建设
巨大的海港提供了优良的自然基
础。目前，联合国开发署已决定在
东北亚建立图们江经济区，包括以

夕阳下的图们江

图们江三角洲的喀山为中心的一个蹄形的平原，由我国的珲春、俄罗斯的
波谢特和朝鲜的罗津组成，以后进一步扩大为包括我国延吉、朝鲜清津、
俄罗斯的符拉迪沃斯托克在内的较大地区，远期规划是进一步扩大为东北
亚经济区，总面积达 37 万平方千米。

中、俄、朝、韩、日等国已达到协议，准备用 15～20 年的时间，从
1995 年起，投资 30 亿美元来把现在的渔村建成一个国际商业交通中心，建
设现代化的交通通讯网络，建成一个年吞吐量达 1 亿～2 亿吨的自由港口
群。西欧的鹿特丹是荷兰的第二大城市，是世界最大的港口之一，素有
"欧洲门户"之称，随着图们江三角洲经济区的开发和建设，"亚洲门户"
东方"鹿特丹"将出现于世界的东方，那时，图们江将成为一条名副其实
的通向世界的国际之江、希望之江。

图们江是注入日本海的一条最大的国际河流，也是我国进入日本海的

唯一通道。日本海沿岸有 800 万平方千米的陆地，3 亿多人口和富饶的资源。在这里，聚集着综合国力很强的大国俄罗斯的东西伯利亚和远东经济区，经济发达的日本，亚洲"四小龙"之一的韩国，发展中的中国以及朝鲜等，其国民经济总产值仅次于欧共体和北美统一市场。这里历来是东北亚各国海运交通的必经之所，东西方重要的战略海域。

中国南国的大动脉——珠江

珠江横贯中国南部的滇、黔、桂、粤、湘、赣六省（自治区）和越南的北部，全长 2214 千米，流域总面积 453690 平方千米，其中 442100 平方千米在中国境内，11590 平方千米在越南境内。珠江是一条与众不同的河流。它没有同一的发源地，没有统一的河道，也没有共同的出海水道。一般来说，珠江是指几条从山区来的河流在珠江三角洲汇合，直到出海口的那一段。但是这里河道很多，小的不计，比较大的就有 34 条之多，出海口共有虎门、焦门、洪奇沥、横门、磨刀门、鸡啼门、虎跳门、崖门等 8 处，到底哪一条才称"珠江"呢？

珠江并不是一条单一的河流，而是西江、东江和北江这三条河流的总称。

水量丰盈的珠江，航运非常便利，西江、东江和北江都有比较长的河道可通轮船。珠江的干流支流加在一起，有 3 万千米长，其中常年可以通航的里程达 1 万千米，还有 5 千千米的河道可以通航轮驳船。所以，就航运价值来说，珠江仅次于长江，是名副其实的南方大动脉。

珠江三角洲的大致范围在三水、石龙和崖门之间，面积大约为 11300 平方千米，由西江三角洲、北江三角洲、东江三角洲三部分组成。这里土地肥沃，物产丰饶，人口稠密，文化发达，是"稻米如脂蚕茧白，蕉稠蔗密塘鱼肥"的鱼米之乡，以及工、农、商、贸、旅游各业一齐腾飞的华南经济最发达地区。

珠江三角洲地处亚热带，北回归线横贯流域的中部。气候温暖湿润，

珠江夜景

多年平均温度在 14℃～22℃，多年平均降雨量 1200～2200 毫米，降雨量分布明显呈由东向西逐步减少，降雨年内分配不均，地区分布差异和年际变化大。没有寒冷的冬季，各种农作物全年可以生长，水稻一年三熟。深秋，祖国的北方已是金风阵阵，草木凋零，可是在这南国的原野上，却仍然是花红柳绿，满眼青翠。在这片肥美富饶的平原上，稻田密布，桑蔗蔽野，果木成林。广州、东莞、石岐、新会范围内的广大冲积平原，是十分重要的双季连作稻的产区，每当收获季节，一片金黄色的丰收美景，素有"广东粮仓"的美称。珠江三角洲又是我国糖蔗的主产区，具有 1000 余年的种蔗制糖的历史。"蔗基鱼塘"或利用海滩围垦后种蔗，蔗田面积大，产量高。由于甘蔗种植业的迅速发展，制糖工业也蒸蒸日上。

珠江三角洲也是盛产蚕桑、塘鱼的重要基地。早在 2000 年前的两汉时期，这里已有种桑、饲蚕和丝织的生产活动。到清代中期，洼田改成鱼塘，洼田区变成了基塘区。基塘的利用，首先是"凿池蓄鱼"，基面"树果木"，以后才逐渐演变成"塘以养鱼，堤以树桑"的"桑基鱼塘"的生产方式。种桑、养蚕和养鱼三者之间的连环生产体系，是桑塘地区农业经营的主要特色之一。利用桑叶饲蚕，蚕粪落塘养鱼，塘泥上基肥桑，循环利用，互相促进，充分反映出桑、蚕、鱼三者间连环生产的密切关系："蚕壮、鱼肥、桑茂盛，塘肥、桑旺、茧结实。"

珠江三角洲作为我国著名的生丝生产地，与太湖平原、四川盆地并列为我国三大蚕桑区。

珠江三角洲还是我国著名的水果、蔬菜、花木产区。早在汉代，珠江三角洲已有蔬菜的栽培，在长期的生产实践中，珠江三角洲人民不仅培育了大批适应性强的蔬菜品种，而且还创造和积累了丰富的栽培经验。如水生栽培、促成栽培、软化栽培、立体栽培的耕作方式，实行瓜（或豆）、姜、薯（或葛）、芋等混、间、套作等。珠江三角洲也是著名的热带、亚热带水果产区，果树资源丰富，先后见于记载而且比较常见的果树有五六十种，其中以荔枝、柑桔、香蕉、菠萝等果实品质最佳，数量最大，为三角洲的"四大名果"而驰名中外。果树栽培以广州郊区较为集中，以荔枝、龙眼、柑橙为主，新会以柑桔类为特产，东莞以香蕉最闻名。此外，番禺、中山、宝安等地也盛产荔枝、香蕉、菠萝、乌榄等水果。

珠江三角洲花木资源也极为丰富，早在2000多年前，古南越的花木如桂、密香、指甲花、菖蒲、留求子（使君子）等就曾被移植到汉代的京都长安。长期以来，广州城西南的花地（花棣），顺德的陈村、弼教，中山的小榄，珠海的湾仔都是重要的花木产地，各种花木如茉莉、含笑、夜合、鹰爪兰、珠兰、白兰、玫瑰、夜来香等，都得到广泛种植。花卉除了可供观赏外，柚花、茉莉、素馨等还可加工制造"龙涎香"、"琼香"、"心宇香"等。随着广大人民群众生活水平的不断提高，花木生产成为绿化祖国，美化环境，丰富人们生活内容的重要途径之一。

泰国的河流之母——湄南河

湄南河是泰国的第一大河，自北而南纵贯泰国全境。湄南河的泰文全名是"湄南昭披耶"。其中"湄南"是河的意思，"昭披耶"为河的真名，意即"河流之母"。虽然"湄南河"不如译作"昭披耶河"为确切，但它长期沿用下来，就成为公认的河名了。

湄南河以滨河为上源，全长 1352 千米，是中南半岛上重要的大河之一。全河可以那空沙旺（北榄坡）为界，以北为上游，以南至河口为下游，上下游河道及地形均有明显的不同。

泰国东北部是群山耸立的山区，自西而东依次分布着北南走向的登劳山——念他翁山、坤丹山和銮山等。

湄南河——泰国第一大河

在这些山脉之间，发育有滨河、汪河、永河和难河，它们构成了湄南河的上游。

滨河发源于登劳山，流经清迈、南奔、达、甘烹碧、那空沙旺等府，在北榄坡与难河汇合，全长约 550 千米，为湄南河上游四河中最长者，但沿河水浅、滩多、流急，缺少航运之利。

汪河发源于南邦府北部，坤丹山构成它与滨河的分水岭。汪河在挽达附近汇入滨河，在长约 100 千米的河程中，河床比降大，礁石多，水流急，对航运不利。

永河发源于难府与清莱府交界地区，长约 500 千米。它在网拉甘以下分成两支，其中东支在挽甲桶附近汇入难河。永河以北段河床礁石较少，但也因水浅而不利于航运。

难河发源于难府北部的銮山中，全长约 500 千米。它在与永河东支合流之后继续南下，最后在春盛又与永河西支流相汇。难河水量较大，全年可以通航，不过也有些河段多礁石，特别是在难府境内的敬銮河段常发生沉船事故，构成航运业发展的障碍。

滨、汪、永、难四河穿行于群山之中，许多山谷因河流的长期冲积作用发育成肥沃的平原，其中著名的有清迈、南邦、难府等。这种山间盆地，由于地形平缓，气候适宜和灌溉便利，历来是北部山区经济发展的重心，人口稠密，物产丰富。泰国第二大都会——清迈就坐落于清迈盆地内，向来是泰北最大的稻谷集散地。

滨、汪、永、难四河所流经地区，大多森林茂密，林产很多，其中以柚木尤为著名。柚木砍伐以后，均在各河中流放而集中于北榄坡后才南运各地或出口。因此，北榄坡是湄南河最大的柚木集散中心。

北榄坡以南的地形为湄南河平原地带。"北榄"在泰语里是"河口"的意思。有人认为，北榄坡过去曾经是湄南河的河口，其南属于暹罗湾的一部分。肥沃的湄南河下游平原是湄南河挟带的泥沙长期堆积而逐渐形成的。即使在今天，湄南河仍在使它的三角洲平原继续向暹罗湾推进，速度是每年约伸展 1 米。整个下游平原地势低平，向暹罗湾倾斜。例如：北榄坡离海280 千米，海拔 20～25 米；猜纳离海 230 千米，海拔降至 18 米；大城离海100 千米，海拔仅为 4 米；曼谷市内的路面仅比海平面高出 1.8 米。

湄南河下游平原面积广阔，约达 5 万平方千米。这里河汊交错，气候炎热，雨量充沛，河流定期泛滥，土地肥沃。特别是经过泰国人民的辛勤劳动，已发展成为泰国人口最集中、经济最发达的地区。首都曼谷位于湄南河口附近，人口近 500 万，是中南半岛最大的城市。

泰国一年分成干、雨两季的气候对湄南河水量的变化影响很大。每年干季（10 月～次年 2 月）时湄南河下游流量仅 150 立方米/秒。雨季期间却可超过 2000 立方米/秒。每年的雨季期间，湄南河泛滥，两岸农田覆盖上一层层富含腐殖质的河泥，成为促进水稻生长发育的很好的天然肥料。因此，湄南河的定期泛滥对泰国的水稻种植业具有很重要的意义，泛滥期提早或推迟到来以及泛滥期的或长或短都会直接影响到稻谷生产。难怪长期以来泰国民间有许多与河流有关的节日。比如说宋干节即泼水节，就是祈求天雨，希望泛滥期正常到来，以保稻谷丰收。

一条跨国内陆河——伊犁河

在我们祖国的西北边陲，有一条著名的内陆河，这就是伊犁河。它与阿姆河、锡尔河一起被称为中亚的三大内陆河，也是我国河川径流量最丰富的内陆河流。

伊犁河以特克斯河为主流，特克斯河发源于天山西段汗腾格里峰北坡，自西向东流，然后折向北流，穿过萨阿尔明山脉，与巩乃斯河汇合，这时始称伊犁河。伊犁河向西流至伊宁附近有喀什河注入，以下进入宽大的河谷平原，河床开阔，支汊众多，渠系纵横，在接纳支流霍尔果斯河后流出国境，进入哈萨克斯坦，最后注入巴尔喀什湖。所以，伊犁河是我国属于中亚细亚内陆河的主要河流，也是我国重要的国际河流。

伊犁河在我国境内流域集水面积约 6.1 万平方千米，是天山内部最大的谷地。流域内地势由一系列东西走向的山地和谷地所组成。南部的哈尔克山，一般高度在 5500 米以上，在汗腾格里峰一带有 7000 米左右的群峰，发育着天山最大的山谷冰川，是伊犁河流域

伊犁河夕阳图

与阿克苏河、渭干河流域的分水岭。北部的婆罗科努山以及它东面的依连哈比尔尕山则是与玛纳斯河水系及开都河流域的分水岭。

伊犁河流域由于谷地向西敞开，使西面来的大西洋温暖而湿润的水汽可以长驱直入，形成较多的降水。特别是在春季，气旋过境频繁，所以春季降水在年降水量中占有较大的比重，这与我国干旱区的其他地方春季降水很少的状况大相径庭。与此同时，流域的北、南、东三面高山环列，阻

挡了北面来的干冷气流的袭击，使平原的气温比其他同纬度地区要高，为越冬作物创造了极有利的条件。而夏季，来自塔里木盆地与准噶尔盆地的干热气流又难以到达，形成了温和而较湿润的气候，适宜于小麦、玉米、大麦、薯类等粮食作物和油菜、胡麻、甜菜等经济作物的生长。因此，伊犁河流域自古就得到开发利用，建立了乌孙国。清代林则徐也曾在伊犁与当地人民一起兴修水利，发展农业生产。直到如今，伊犁河流域仍然是新疆著名的粮仓、油料和瓜果之乡。

伊犁河各支流在进入平原时，普遍切穿了山地，形成了峡谷段，为发展水电提供了极为有利的条件。其中仅喀什河从河尔图至雅马渡，水能蕴藏量就达 120 万千瓦，可布置 17 个梯级。著名的有吉林台峡谷、马扎尔峡谷等。伊犁河流域内还拥有国内少有的高草草原，培育出的伊犁马、新疆细毛羊闻名国内外。伊犁河的鱼类很多，其中西伯利亚鲟鱼是珍贵品种。在巩留县山地还保留有较大面积的雪岭云杉天然森林。伊犁的啤酒花、莫合烟驰名国内，新源县的伊犁特曲酒，被誉为新疆茅台。

伏尔塔瓦河

伏尔塔瓦河是捷克境内最大的河流，也是布拉格的母亲河。发源于捷克西部，其河流经过布拉格，在布拉格以北 32 千米处与易比河汇流，贯穿德国中部，经萨克森流入北海，全长 1700 千米。伏尔塔瓦河畔的布拉格，是世间最美的城市之一。伏尔塔瓦河像一条绿色的玉带，将城市分为两部分，沿河两岸陡立的山壁，渐渐消失在远方起伏的原野里。横跨在河上的十几座古老的和现代化的大桥，雄伟壮观，其中最著名的是有 400 年历史的查理大桥。这些大桥将城市两部分协调巧妙地联为一体。捷克作曲家斯美塔那于晚年创作的标题交响诗套曲《我的祖国》中的第二乐章《伏尔塔瓦河》，使这条大河闻名世界。

伏尔塔瓦河

地质历史的教科书——科罗拉多河

　　科罗拉多河发源于落基山西坡，流经大盆地和科罗拉多高原，注入太平洋加利福尼亚湾，全长2190千米，流域面积59万平方千米，大部分在美国境内。流域内气候干旱，年降水量一般不足250毫米，沿途为数不多的支流多系间歇性河流，主要由于落基山区融雪和降水的补给，科罗拉多河才成为一条源远流长的常流河。对流经的干旱区来说，实际上是过境河，所以人们称它为"美洲的尼罗河"。

　　在科罗拉多高原上的中游河段，由于高原抬升和河流强烈下切，形成一系列深邃的峡谷。其中以大峡谷最为壮观，被誉为"自然界的奇迹"。

　　第一次亲临科罗拉多大峡谷，你不能不被它的鬼斧神工所震慑。整个峡谷像一座巨型雕塑博物馆，各种怪石，或如宫殿，或如碉堡，或如列队而立的士兵，或如凌空奔驰的野兽。据介绍，峡谷岩石的颜色具有多变性，在阳光与云影的对峙中，在晨曦与晚霞的辉映中，在明月清光下，在雨后彩虹的渲染里，那峡谷中的崖岩、怪石、溪流、瀑布会显现出多姿多彩的神态。

大峡谷长达 4400 千米，宽从 200～30000 千米，最深处达 1830 米。峡谷顶宽底窄，谷壁陡直，整个大峡谷好像被天神之斧劈开而成。大峡谷两壁整齐地排列着一层层的水平岩层，自下而上由老渐新，在这里可了解到 20 亿年来地质历史的变化，是一部活的地质历史教科书。

科罗拉多河

由于地形复杂多样，河床宽窄不一，深浅差异悬殊，因而河水流经大峡谷，有时汹涌澎湃，似欲吞噬一切，有时又分成千万条细流沿一级级"台阶"奔流而下，形成壮观的大瀑布。如果说大峡谷是由多姿多彩的岩石构成，那么，漱玉般的流水便仿佛是它的灵魂。

大峡谷也是一个庞大的野生动物园。据统计，大峡谷中的鸟类、哺乳动物和冷血动物多达 400 多种，而各种植物竟多达 1500 种。

大峡谷的发现和探索可以追溯到 1540 年。那一年西班牙人的马队从墨西哥出发向北，穿过茫茫沙漠，在大峡谷发现了印第安人的居住场所。17世纪初，西班牙王国衰落，把它在美洲的殖民地交给墨西哥。1842 年，美墨战争后，墨西哥把包括大峡谷在内的大片土地割让给美国。1869 年，留着胡子的矮个子少校鲍尔，率领一些人乘船从科罗拉多河上游顺流而下，企图穿过整个峡谷地带，探索其全部秘密。这是大峡谷历史上空前的探险壮举，充满着危险，连在峡谷内长期居住的印地安人也劝告说，此行凶多吉少。但鲍尔少校力排众议，坚持前往。13 周后，鲍尔少校及其船队终于出现在峡谷的另一端，他们用坚韧不拔的毅力走出"死亡谷"以后，把大峡谷的秘密公之于世。

现在，每年去大峡谷游览的人络绎不绝。他们或乘坐直升飞机，从空中鸟瞰；或骑毛驴，沿着崎岖山路在谷底漫游；或坐着木船、木筏，冲过急流险滩，向死神挑战；或结队在谷内步行，夜宿随身携带着的帐篷，聆听野兽的嚎叫、凄厉的风声和潺潺的流水声，体验谷底居民的感受。

科罗拉多河水量不大，由于蒸发旺盛和灌溉损耗，愈向下游水量愈减，在近河口的尤马处年平均流量仅 700 立方米/秒。流量季节变化很大，洪水期（初夏）和枯水期（冬季）的流量相差 30 倍左右。但是科罗拉多河水，对于中下游干旱区来说，则是一项宝贵的水源。科罗拉多河还以含沙量高著称，河流挟带大量的碎屑物质使水混浊而呈暗褐色，科罗拉多在西班语中意为"染色"。估计每年输送入海的泥沙超过 1600 万吨，河口因此不断向前推移，目前三角洲面积已达 8600 平方千米。

缅甸的天惠之河——伊洛瓦底江

伊洛瓦底江是我国友好邻邦缅甸的第一大河，发源于我国青藏高原的察隅地区，在缅甸境内的两条上源为恩梅开江和迈立开江，两江汇合以后始称伊洛瓦底江。伊洛瓦底江自北向南，蜿蜒奔流，穿过崇山峻岭、平原峡谷，流经河网如织的三角洲，注入安达曼海。全长 2150 千米，流域面积 41 万多平方千米，占缅甸全国面积的 60% 以上。缅甸人民对伊洛瓦底江十分崇敬，古来即称它为"天惠之河"。传说这里是雨神伊洛瓦底居住的地方，大江是雨神钟爱的白象喷水而成，江因此而得名。自古以来，缅甸各族人民在它身旁辛勤耕耘，创造了光辉的历史和文化。伊洛瓦底江是各民族的摇篮。

从恩梅开江和迈立开江汇合处至曼德勒为伊洛瓦底江上游段，沿岸多山，先后穿过三段峡谷，在每段峡谷间是地势开阔的平原。上游河段滩多流急，不利航行，但水力资源丰富。

曼德勒至第悦茂为伊江中游，它穿流于缅甸中部干燥地带，抵达三角洲顶端时，约有45%的水量被蒸发掉。伊洛瓦底江是世界上水土流失最严重的河流之一，而中游又是全流域水土流失最甚的地区，中游谷地是棉花和粮食的重要产地，还蕴藏着丰富的石油。

第悦茂以下为伊江下游。自莫纽起分成9条较大河流，向南作扇形展开，形成河道交织如网的三角洲，三角洲地区除一些高地外概为现代冲积平原。地势低下平坦，一般与海潮线相等，部分则在海潮线之下。三角洲向外伸延的速度是惊人的。据测量，平均每年向海洋扩展66米左右。

伊洛瓦底江三角洲地区，是缅甸的鱼米之乡，也是缅甸全国最发达和最富裕的地区，总面积约2万平方千米，这里土壤肥沃，灌溉便利，以种植水稻为主，稻米产量约占全缅甸稻米总产量的2/3，享有"缅甸谷仓"之盛誉。

缅甸经济的发展与伊洛瓦底江有着极其密切的关系。伊江中游河谷两岸是缅甸历史最悠久的地区，早在1000年前的缅甸中古时期，人们就在这里筑坝修渠，引水灌溉，种植水稻。缅甸独立后，为了扩大水稻种植面积，增加稻谷产量和出口额，政府极为重视水利工程建设，兴建了许多水利工程，为发展干旱地区的灌溉事业起到了很大的作用。

缅甸内河航运业在国内交通运输业中担负着65%的任务，而伊洛瓦底江则是缅甸国内主要运输命脉，成为沟通南北的主要交通线，整个伊江水系有4600多千米的河道全年可以通航。缅甸北部各地出产的各种珍贵的玉石、琥珀、宝石，缅甸中部的农产品以及产于伊洛瓦底江中下游谷地的石油，大都是通过伊洛瓦底江及其支流输送到缅甸各地。

缅甸是世界柚木的主要输出国，素有"柚木王国"的美称，蕴藏了世界柚木资源的75%。砍伐后的柚木先用大象运送到附近的河边，雨季时结筏流放直至仰光，而后运往世界各地。

伊洛瓦底江两岸，名城林立。位于中游的历史名城曼德勒，梵语为"叶德那崩尼卑都"，意为"多宝之城"，它是古代缅甸政治、经济和文化中心。

从曼德勒沿江南下129千米，即达古都蒲甘，这座举世闻名的"万塔之城"是"东方文化宝库"之一。盛极之时，这方圆几千米的城市，到处佛塔耸立。蒲甘佛塔是缅甸建筑艺术的精华，风格独特，充分显示了缅甸人民的才智。

伊洛瓦底江下游的勃生，是缅甸的第二大港，这里万吨轮船畅行无阻。缅甸的大米、木材、鱼虾、海货，很多都是由该港远销国际市场。缅甸人民引以为豪的是，在近代史上，勃生是一座反抗殖民主义的英雄城市。1824年，当英国殖民主义者入侵时，伟大的民族英雄班都拉将军曾在这里领导人民奋起还击，使敌人闻风丧胆。

伊江下游，有运河与仰光河相接。缅甸的政治、经济、文化中心——首都仰光犹如一块晶莹的宝石闪烁在伊江三角洲上。1948年1月4日，第一面民族独立的旗帜在仰光上空升起，缅甸从此摆脱了殖民主义的枷锁，赢得了独立。今天的仰光，正以它那崭新的面貌，出现在人们面前。

有特色的湖泊

在地壳构造运动、冰川作用、河流冲淤等地质作用下，地表形成许多凹地，积水成湖。露天采矿场凹地积水和拦河筑坝形成的水库也属湖泊之列，称人工湖。湖泊因其换流异常缓慢而不同于河流，又因与大洋不发生直接联系而不同于海。在流域自然地理条件影响下，湖泊的湖盆、湖水和水中物质相互作用，相互制约，使湖泊不断演变。湖泊称呼不一，多用方言称谓。中国习惯用的陂、泽、池、海、泡、荡、淀、泊、错和诺尔等都是湖泊之别称。

地球上湖泊（包括淡水湖、咸水湖和盐湖）总面积约 270 万平方千米，占全球大陆面积的 1.8% 左右。全球湖泊的分布主要集中在北美、北欧、西伯利亚地区、非洲和亚洲（主要是中国）。中国是一个多湖泊的国家，湖泊总面积约 9 万平方千米，其中淡水湖泊面积为 3.6 万平方千米。面积在 1 平方千米以上的天然湖泊达 2800 多个。

人类文明与水资源有密切关系，湖泊生态系不仅维持相关自然资源的产能，更长期为人类提供用水、灌溉、防洪、发电、交通、观光游憩等服务。让我们在了解湖泊特色的过程中感触它们与人类的密切关系。

"酸"湖

世界上有酸河，也有酸湖，意大利西西里岛就有一个足以和酸河媲美的酸湖。该湖湖底有两个神秘的喷泉，源源不断地向湖中喷吐出腐蚀性极强的酸性泉水。在这个湖里，不仅普通的微生物难以生存，就连失足掉进湖中的动物也会很快被这酸性湖水腐蚀致死，绝难幸免。

"火" 湖

拉丁美洲的西印度群岛的大巴哈马岛上有一个水光潋滟的湖泊。每当静静的夜晚，人们泛舟湖上，就会看到起落的船桨溅起万点火光，船的四周也闪烁着美丽的火花。倘若你用船桨用力拍打湖面，就会激起更多的火星，间或有一条浑身闪耀着火花的鱼儿跃出湖面，随即又溅落在水中，金花飞舞，融汇成一幅神秘诱人的奇观。原来，湖水中生长着无数的"甲藻"，"甲藻"含有荧光素和荧光酵素，湖水一被搅动，荧光素和荧光酵素就会与空气结合，产生氧化作用，发出五光十色、绚丽多彩的火花。

月色下的"火"湖

"五层"湖

巴伦支海的基里奇岛上有个名叫麦其里的湖,它由浅到深有 5 层水,水质各不相同。最下面的一层水饱含硫化氢,里面除了能在严重缺氧的条件下生存的某些细菌外,没有其他的任何生物。倒数第二层水呈深红色,这种颜色是由湖底漂升起来的细菌造成的。第三层是透明的咸水,里面生活着大量的海藻、海葵、海星、海鲈鱼和鳕鱼,但它们不能游到下面的水层中去,因为那里有足以使它们致命的硫化氢。而第四层水微咸偏淡,同样不适合上述海洋生物的生存。在这层水中生活着海蜇、某些淡水鱼类以及一些能在淡水中生活的海洋生物。最上面的一层则是标准的淡水,水中生息和繁衍着各种淡水鱼和其他淡水生物。

121

"石油"湖

号称"石油王国"的委内瑞拉有个著名的石油湖——马拉开波湖。该湖面积达 14000 多平方千米,深 1500 多米,蕴藏着 50 多亿桶原油,占全国石油储量的 25%。每天,原油源源不断地从湖底沥青裂缝中喷涌出来,日产量高达 200 万桶,占全国石油产量的 80%,真是名不虚传的"地下油库"。从烟波浩渺的湖面望去,但见井架林立,油塔成群,湖中的注气

"石油"湖

站屹立在万顷碧波之中，那三层高的钢筋水泥建筑物不断从地下抽取天然气，再注回地下，提高油层，保障稳产高产。马拉开波湖真是一个名副其实的石油湖。

"沥青"湖

在拉丁美洲的特立尼达岛西南部，有一个天然的沥青湖。这个湖约有0.44平方千米，湖面呈暗灰色，里面全是优质沥青。有人曾在湖心向下钻探了90多米，取出来的还是沥青。100多年来，人们每天从湖中开采出三四十吨沥青，但新的沥青仍不断地从湖底涌上来，因而湖面一点儿也没有下降。这里的沥青质地优良，用它铺设的马路被人们誉为"灰色闪光马路"，特别适合车辆在夜间行驶。英国首都伦敦到伯明翰的一号公路，就是用这个湖的天然沥青铺成的。有趣的是，这个奇妙的沥青湖还是一个天然的历史博物馆。在开采中，人们挖掘到很多史前动物的骨骼和牙齿、古代

"沥青"湖

印第安人使用的武器和各种用具，以及多种鸟类化石。有一次，湖中还冒出了一根 4 米多高、有 5000 多年历史的树干呢。

"天然气" 湖

在扎伊尔和卢旺达交界的地方，有个基伍天然气湖。该湖面积约 2500 平方千米，极其丰富的天然气就溶解在这茫茫的湖水之中。据专家们估计，基伍湖的天然气蕴藏量不会少于 500 亿立方米。这在世界性能源日趋紧张的今天，真是一笔可观的财富。

"硼砂" 湖

特亚斯柯敦湖在南美的智利共和国，是个名闻遐迩的硼砂湖。该湖湖面宽约 40 千米，远远望去，白茫茫一片。湖面上结着厚厚的一层硬壳，状似巨大的浮冰。原来，那是纯度极高的硼砂。硼砂湖给智利提供了除铜和硝石之外的又一丰富的矿产资源。

"药泥" 湖

在风光旖旎的黑海之滨，有个泰基尔基奥尔湖，它的面积约 1000 多公顷，生产一种奇特的药用黑泥。该湖含盐量比一般的海水高出 6 倍，水里生存和栖息着 150 多种动、植物。这些动、植物在湖水中生长、繁殖、死亡、腐烂，最后沉积在湖底，形成了厚厚的黑泥层。黑泥中含有丰富的碘、钠、钾、铁、钙等矿物质。很多来自西欧、北美的患者们，跋山涉水，远道来此接受药泥治疗。他们通常用黑乎乎的湖泥涂满全身，然后躺在沙滩上让阳光沐浴，或将湖泥加水拌成泥浆在里面浸泡。据说，这种药泥能治疗多种疾病，对顽固性皮肤病尤其具有奇妙的疗效。

新疆天池

　　位于新疆阜康县境内的博格达峰下的半山腰，东距乌鲁木齐 110 千米，海拔 1980 米，是一个天然的高山湖泊。湖面呈半月形，长 3400 米，最宽处约 1500 米，面积 4.9 平方千米，最深处约 105 米。湖水清澈，晶莹如玉。四周群山环抱，绿草如茵，野花似锦，有"天山明珠"盛誉。挺拔、苍翠的云杉、塔松，漫山遍岭，遮天蔽日。

　　天池东南面就是雄伟的博格达主峰（蒙古语"博格达"，意为灵山、圣山）海拔达 5445 米。主峰左右又有两峰相连。抬头远眺，三峰并起，突兀插云，状如笔架。峰顶的冰川积雪，闪烁着皑皑银光，与天池澄碧的湖水相映成趣，构成了高山平湖绰约多姿的自然景观。

新疆天池

　　天池属冰碛湖。地学工作者认为：第四纪冰川以来全球气候有过多次剧烈的冷暖运动，20 万年前，地球第三次气候转冷，冰期来临，天池地区发育了颇为壮观的山谷冰川。冰川挟带着砾石，循山谷缓慢下移，强烈地挫磨刨蚀着冰床，对山谷进行挖掘、雕凿，形成了多种冰蚀地形，天池谷遂成为巨大的冰窖，其冰舌前端则因挤压、消融，融水下泄，所挟带的岩屑巨砾逐渐停积下来，成为横拦谷地的冰碛巨垅。其后，气候转暖，冰川消退，这里便储水成湖。即今日的天山天池。

　　新疆解放前，由于山高路险，唯有胆大志坚而又精于骑术的才能探游天池。新疆解放后，人民政府专门拨款修筑了直达天池的盘山公路，并在湖畔建起别致的亭台水榭、宾馆餐厅以及其他旅游设施，向中外游人开放了这块闻名遐迩的游览胜地。

天池，现在不仅是中外游客的避暑胜地，而且已成为冬季理想的高山溜冰场。每到湖水结冻时节，这里就聚集着新疆或兄弟省区的冰上体育健儿，进行滑冰训练和比赛。1979年3月我国第四届运动会速滑赛就是在天池举行的。环绕着天池的群山，雪山上生长着雪莲、雪鸡，松林里出没着狍子，遍地长着蘑菇，还有党参、黄芪、贝母等药材。山壑中有珍禽异兽，湖区中有鱼群水鸟，众峰之巅有现代冰川，还有铜、铁、云母等多种矿物。天池一带如此丰富的资源和奇特的自然景观，对于野外考察的生物、地质、地理工作者们，更具有魅人的吸引力。1982年被列为国家重点风景名胜区。2007年5月8日，新疆天山天池风景名胜区经国家旅游局正式批准为国家5A级旅游景区。

125

天池水

碧沽天池

云南省丽江市中甸县小中甸乡联合村海拔3500米的碧沽牧点，有一片面积0.21平方千米的湖泊，平均水深只有1.62米，最深处也大约只有3米，湖虽不大，也不深幽，但呈现奇异的静和奇异的清。这片清澈澄明的湖水，仿佛就是其周遭那个多姿多彩的花草树木的世界所捧出的纯洁的心魂。碧沽天池位于香格里拉县小中甸乡联合村境内，距县城51千米，公路已通至湖边。碧沽天池藏语称"楚璋"，意为小湖。因地处碧沽牧点，遂取名为碧沽天池。

湖周围30多平方千米的地方被原始森林所覆盖，树木高大挺拔，多为云杉和冷杉。这茂密苍翠的森林涌动着大自然极旺盛的生命力，所以在其怀抱中的清水湖泊那么安宁娴静，远离纷扰，永不干涸。森林围护着它，也净化着它。

碧沽天池

湖畔周围长满了杜鹃林，多是黄杜鹃、红杜鹃和白杜鹃，花冠硕大，色泽鲜艳。花期在6月中旬~7月底，值此时节，湖畔群花争妍，艳丽无比。湖北面的缓坡上有近百亩（1亩≈667平方米）的樱草杜鹃，花色呈紫红和粉红。花期在5月下旬~6月下旬，樱草杜鹃树干奇小，随地衍生，色泽浓郁，并有淡谈清香。人行其间，宛若信步于彩毯间，阵阵幽香扑鼻而来，让人有超凡脱俗的感觉。湖的南面是沼泽区，水草丛主，野鸟云集，是黄鸭、麻鸭、黑颈鹤等水禽的理想栖地。湖心有一个呈椭圆形的小岛，岛上多为杜鹃花树，每年6~9月间有成群的黄鸭栖于此。

瑶　池

　　瑶池上空矗立尖垂巨乳，名为"凌云钟乳"，色彩瑰丽，下方池水平静如镜。凌云钟乳吸收天地精华，百年方得凝聚一滴圣水。圣水经过百年过滤，纯洁无瑕，瑶池之水先有圣水炼化，洁净成云，广布天地之间，成为天地之界，亦视为一重天。

　　瑶池是传说中西王母所居住的地方，位于昆仑山上。传说中的西王母瑶池有多处。因为"西王母虽以昆仑为宫，亦自有离宫别窟，游息之处，不专住一山也"（《山海经校注》）。西王母最大的瑶池——青海湖，西王母最古老的瑶池——德令哈市褡链湖，西王母美丽神妙的瑶池——孟达天池，神秘而又海拔最高的西王母瑶池，便是昆仑河源头的黑海。这是一座天然高原平湖，东西长约12000米，南北宽约5000米，湖水最深度达107米，湖水粼粼，碧绿如染，清澈透亮。水鸟云集，或翔于湖面，或戏于水中，金风送爽，瑞气蒸腾，一派祥和景象。湖畔水草丰美，野牦牛、野驴、棕熊、黄羊、藏羚羊等野生动物出没，气象万千。湖旁有一平台，传说每年到了农历三月初三、六月初六、八月初八，西王母专门在此设蟠桃盛会，各路神仙便来向创世祖先西王母祝寿，热闹非凡。"穆王于昆仑侧瑶池上，解西王母《穆天子传》"，而美猴王孙悟空则偷吃蟠桃，大闹天宫（《西游记》）均出于此。距黑海不远处是《封神演义》中描写的姜太公修炼五行大道四十载之地。神秘而又海拔最高的西王母瑶池。立有"西王母瑶池"纪念碑石。来自世界各地的炎黄子孙，特别是台湾和港澳同胞，到此朝拜寻根者甚众。

长白山天池

　　长白山天池又称白头山天池，坐落在吉林省东南部，是中国和朝鲜的界湖，湖的北部在吉林省境内。长白山位于中、朝两国的边界，气势恢宏，资源丰富，景色非常美丽。在远古时期，长白山原是一座火山。据史籍记载，自16世纪以来它又爆发了3次，当火山爆发喷射出大量熔岩之后，火山口处形成盆状，时间一长，积水成湖，便成了现在的天池。而火山喷发出来的熔岩物质则堆积在火山口周围，成了屹立在四周的16座山峰，其中7座在朝鲜境内，9座在我国境内。这9座山峰各具特点，形成奇异的景观。

天池虽然在群峰环抱之中，海拔只有2154米，但却是我国最高的火口湖。它大体上呈椭圆形，南北长4.85千米，东西宽3.35千米，面积9.82平方千米，周长13.1千米。水很深，平均深度为204米，最深处373米，是我国最深的湖泊，总蓄水量约达20亿立方米。

天池的水从一个小缺口上溢出来，流出约1000多米，从悬崖上往下泻，就形成著名的长白山大瀑布。大瀑布高达60余米，很壮观，距瀑布200米远可以听到它的轰鸣声。大瀑布流下的水汇入松花江，是松花江的一个源头。在距长白瀑布不远处还有长白温泉，这是一个分布面积达1000平方米的温泉群，共有13眼向外喷涌。

史料记载天池水"冬无冰，夏无萍"，夏无萍是真，冬无冰却不尽然。冬季冰层一般厚1.2米，且结冰期长达六七个月。不过，天池内还有温泉多处，形成几条温泉带，长150米，宽30~40米，水温常保持在42℃，隆冬时节热气腾腾，冰消雪融，故有人又将天池叫温凉泊。

天池除了水之外，就是巨大的岩石。天池水中原本无任何生物，但近几年，天池中出现一种冷水鱼——虹鳟鱼，此鱼生长缓慢，肉质鲜美，来长白山旅游能品尝到这种鱼，也是一大口福。据说天池中的虹鳟鱼是朝鲜在天池放养的。不时听到有人说看到有怪兽在池中游水。有关部门在天池边建立了"天池怪兽观测站"，科研人员进行了长时间地观察，并拍摄到珍贵的资料，证实确有不明生物在水中游弋，但具体是何种生物，目前尚不明朗。他们对天池的水进行过多次化验，证明天池水中无任何生物，既然水中没有生物，若有怪兽，它吃什么呢？这一连串的疑问使得天池更加神秘美丽，吸引越来越多的人前往观赏。

虹鳟鱼

　　近百年来"水怪"的传说始终是一个悬而未解的谜题。无论是苏格兰的尼斯湖，还是中国的长白山天池、新疆的喀纳斯湖以及四川的列塔湖等等，"水怪"出没的传说一直不绝于耳，却又始终扑朔迷离、难辨真伪。在科学气息浓郁的 21 世纪，应该不会有谁轻易相信神鬼的谬论，可是现实生活中确实发生着一些令人匪夷所思无法解释的怪事。在中国已有多处水域发现水怪之事，那些目睹过水怪的人，除了惊奇还有恐惧，那些肇事的湖水也因此披上了神秘的面纱，那么，这些水怪到底是什么？目击者都看到了什么？天池水怪其实可能是一种类似"翻车鱼"的海洋鱼类。

　　长白山天池是活火山，与日本海临近，极有可能有一条通往日本海的隧道，所以翻车鱼就从隧道进入天池，这不是没有可能的，又因为长白山天池是活火山，湖地有火山活动，矿物质丰富，这为翻车鱼提供了食物，同时火山活动使湖地温度温暖，所以适合翻车鱼生存。但最重要的是，根据水怪目击照片和录像显示，水怪有打转的习惯，它还可以越出水面，这都与翻车鱼极其相似，所以，水怪极有可能是翻车鱼。

长白山翻车鱼

五大连池

五大连池是我国名湖，位于黑龙江五大连池市境内，为国家重点自然保护区和重点风景名胜区。1719～1721 年因火山熔岩堵塞白河河道，形成的 5 个相连的火山堰塞湖，面积26.2 平方千米。周围 14 座处于休眠状态的火山，大面积石灰熔岩，形成五大连池火山群，素有"火山公园"的称誉。景色壮丽，风光奇特秀丽。巍峨耸立的火山群环抱着碧波荡漾的火山堰塞湖，嶙峋起伏的石灰熔岩，就像汹涌澎湃的石海。近看却是怪石丛立，千姿百态，形态绝妙。入夏，气候清凉，树木葱郁，花草芬芳，湖光山色，溶成一体，是著名的旅游胜地。

十六条瀑布组成的湖泊

位于巴尔干半岛的克罗地亚普利特维采湖是由 16 条互相连接的瀑布组

成，于1979年被列入联合国教科文组织世界遗产。当地森林生活着鹿、野猪、熊、狼和一些稀有的鸟类。因其多变深邃的颜色，湖水的颜色从天蓝色到绿色，由灰色渐变到蓝色。颜色的变换由水中的矿物、有机物的含量以及光的入射角度等共同决定。

遍布喷气孔的湖泊——沸水湖

沸水湖位于多米尼加的世界文化遗产——莫尔纳特鲁瓦皮斯通斯国家公园，距离多米尼加联邦首都罗索10.5千米。沸水湖的跨度大约是60米，遍布着一些出气孔，水下涌起的水蒸气使湖面翻滚着灰蓝色水泡，正如其名——沸腾的湖泊。

沸水湖

红白双色湖——红湖

玻利维亚西南部（接近与智利的边界处）有一片红白相间的浅滩咸水湖，这就是著名的红湖。位于湖中的硼砂组成白色小岛屿，散布在富含红色藻类红色的湖面上，构成一道美丽的风景线。

红　湖

五彩美艳的胜景——五花海

五花海位于我国九寨沟国家公园，它位于海拔 2472 米处，珍珠滩瀑布之上，熊猫湖的下部。清澈多彩的湖面下显现出一段段的树木躯干。湖面整体呈绿松色，不同区域，颜色变换从黄色到绿色，又到蓝色，展现出湖水五彩的美艳。

地球最低的水域——死海

死海是位于以色列西海岸与约旦东海岸，沿着约旦大裂谷分布的咸水湖，18千米宽，67千米长，湖水由约旦河注入。最低处海平面以下420米，是地球水域的最低点，同时平均330米的水深，也使其成为世界上最深的湖之一。湖水含盐量为30%，为海水盐分的8.6倍，仅次于吉布提的阿萨勒湖，居世界第二高。荒凉的环境鲜有生物，船只也无法在死海航行。

死海很久以前就已经吸引了众多的地中海游客。《圣经》上说的大卫国王的避难所就位于此处。死海是

死　海

世界上最早的疗养圣地（从希律王时期开始），湖中大量的矿物质含量具有安抚、镇痛的一定效果。

世界最深最古老的湖——贝加尔湖

素有"西伯利亚之眼"的贝加尔湖位于俄罗斯西伯利亚南部，总水量比北美五大湖的总和还要多。1637米的深度也使其荣登世界上深湖的宝座。虽然水量是世界最大湖里海（咸水湖）的1/3还不到，但却是世界上最大的淡水储备库，淡水量约占到全球的10%。湖泊沿着远古地壳的裂纹发布，总体呈现月牙状，面积约为31500平方千米，比苏必利尔湖和维多利亚湖都要小。贝加尔湖拥有1700多种动植物，其中2/3属当地特有。2.5亿年的

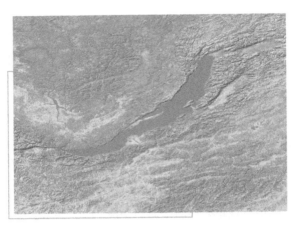

贝加尔湖

寿命也使其成为世界最古老的湖泊。于 1996 年被列入联合国教科文组织评选为世界文化遗产。

被誉为"珍奇海洋博物馆"的贝加尔湖，独有的动植物种类最多，在 2600 多个物种中，有 3/4 的物种，以及 11 个科和亚科及 96 个属的物种是该湖独有的。如贝加尔海豹、鲨鱼、海螺等，湖底还生长着海绵丛林，有一种龙虾就躲在丛林中。贝加尔海豹个头小，雌雄性都是大约 120 厘米长，体色为暗银灰色。贝加尔海豹与其北极的亲属一样，雌性也在冬天产仔，喂乳于冰上雪穴之中。海豹在贝加尔的出现，可以说是一件最令人不解的事情，查阅地史资料，贝加尔湖所在的中西伯利亚高原，5 亿多年内不曾被海水淹没过。经分析，贝加尔湖纯属淡水，美国科学家马克彻林顿归纳了学者们的见解，提出了"外来"说，即贝加尔湖的海洋动物是从海而入，并称贝加尔湖为"西伯利亚的神海"。生物学家推测，贝加尔湖海豹的祖先来自遥远的北冰洋，当它们进入叶尼塞河，逆流游泳 2400 千米，学会了吃完全不同的食物，生存于一个异常的环境里，因为从目前地理学角度上来看，只有这一出口到达海洋。

另外在科考期间，中国科学家曾意外捕获一条通体呈半透明的小鱼——胎生贝湖鱼。

中科院动物研究所鱼类专家说，胎生鱼的特殊之处在于母鱼在繁殖期产出体外的不是鱼卵，而是可以自由活动捕食的幼鱼。在全世界已知的鱼类中，胎生鱼所占的比例非常小。

俄方科学家介绍说，胎生贝湖鱼生活在水面以下 50～1500 米，广泛分布在贝加尔湖除湖岸附近的各个水域，是环斑海豹、秋白鲑等动物的主要食物。科学家认为，这类鱼是在贝加尔湖冰冷的湖水中经过长期进化而来

贝加尔湖海豹

的，但是，它们从卵生鱼变为胎生鱼的具体原因和时间仍然是个未解之谜。

贝加尔湖还有一种美丽的孔雀蛱蝶。它翅展 53～63 毫米，体背黑褐，被棕褐色短绒毛。触角棒状明显，端部灰黄色。翅呈鲜艳的朱红色，翅反面是暗褐色，并密布黑褐色波状横纹。翅上有孔雀羽般的彩色眼点，似乎在警戒他人不要靠近。蛱蝶与其他种类的蝴蝶有一个很大的区别，即蛱蝶的前足退化无爪，不再使用，因而人们常常误解蛱蝶只有两对足，而实际上它的前足隐藏在胸前，需要小心地拨开胸部的绒毛才能看清。

世界最高可驶船的湖——的的喀喀湖

位于玻利维亚和秘鲁两国交界的科亚奥高原上，的的喀喀湖是南美洲地势最高、面积最大的淡水湖，也是世界最高的大淡水湖之一，还是世界上海拔最高的大船可通航的湖泊，是南美洲第二大湖（仅次于马拉开波湖），被称为"高原明珠"。的的喀喀湖海拔高而不冻，处于内陆而不咸。

的的喀喀湖

湖面达海拔 3821 米，湖水面积大约为 8300 平方千米，平均水深 140～180 米，最深处达 280 米。平均水温 13℃。湖中有日岛、月岛等 51 个岛屿，大部分有人居住，最大的岛屿的的喀喀岛有印加时代的神庙遗址，在印加时代被视为圣地，至今仍保存有昔日的寺庙、宫殿残迹。的的喀喀湖区域是印第安人培植马铃薯的原产地，印第安人一向把的的喀喀湖奉为"圣湖"。周围群山环绕，峰顶常年积雪，湖光山色，风景十分秀丽，为旅游胜地，的的喀喀湖沿西北—东南方向延伸，长 190 千米，最宽处 80 千米。狭窄的蒂基纳水道将湖体分为两个部分。湖水源于安第斯山脉的积雪融水。湖水从小湖流入德萨瓜德罗河流出注入波波湖。东南的部分较小，在玻利维亚称维尼亚伊马卡湖，在秘鲁称佩克尼亚湖。西北的部分较大，在玻利维亚称丘奎托湖，在秘鲁称格兰德湖。从西岸秘鲁的普诺到南岸玻利维亚的瓜基之间有定期的班轮航运来往。瓜基到玻利维亚首都拉巴斯之间有铁路，普诺到太平洋沿岸之间也有铁路，是玻利维亚出海的重要通路。

最清澈的湖泊——火口湖

火山锥顶上的凹陷部分积水形成的湖泊，又称火山口湖。外形似圆形或马蹄形。火口湖面积不大、湖水较深。它们的形成往往是地壳构造断裂活动引起，火山于喉管顶部爆破，深部熔融岩浆喷涌至空中或地表，落于火山喉管附近，堆积成陡壁，火山喷发停息，出口熔岩冷却，形成底平外圆的封闭的凹陷形态，积水成湖。中国东北长白山主峰长白山天池即是火山口湖。

死火山口积水所成的湖泊。火山喷发、熄灭后，冷却的熔岩和碎屑物堆积于火山喷发口周围，使火山口形成一个四壁陡峻、中央深邃的漏斗状洼地，集水后成为火口湖。一般多呈圆形，面积小而深度大。中国长白山主峰白头山顶的天池即为著名的火口湖，面积9.8千米，最大水深373米，湖水从破口溢出，成为瀑布。有的火口湖在形成后又发生火山的重新喷发，新的火山锥或岛屿就在湖中心出现，如美国俄勒冈州的克莱特湖。

在美国俄勒冈州西南部喀斯特山脉中，有一处文明世界的奇观——火口湖，火口湖与其周围的景观组成了美国著名的火口湖国家公园。公园内风景如画，仿佛人间仙境，而这些景象都是由火山喷发形成的，是火山造就了这样一个奇迹。

火口湖呈圆形，长约10千米，宽约9千米，面积约54平方千米。周围是高150~600千米的熔岩峭壁。大约7700年前，火口湖所在地的玛扎马火山突然喷发，火山喷发出来的熔岩等物质散落在四周，冷却后形成了一个深约579千米的"弹坑"，久而久之，弹坑里积满了雨水和融化的雪水，逐渐形成了一个深湖，这就是火口湖。它是美国大陆最深的湖。湖水呈蓝色，水温从来没有超过13℃。火口湖周围的土壤十分肥沃，长满了大量植被，麋鹿、黑熊、大耳黑尾鹿等动物也把家安在了这里。但由于湖水中含有多种矿物质，因此，许多动物都无法在水中生存。

地球上污染最严重的区域——喀拉海

俄罗斯西部的乌拉尔山脉南部，有着一座名为喀拉海的小湖泊。从1951年起，被前苏联用于堆放从奥尔斯卡城附近玛雅卡的核处理厂产生的垃圾与核废料。国际核废料观测委员会曾指出该湖是地球上污染最严重的区域，当地的核辐射强度为4.44，而切尔诺贝利核电站泄露后周边的强度也只有5~12，可见核污染相当严重。

喀拉海

最大的淡水湖群——北美五大湖

在美国和加拿大交界处，有5个大湖，这就是闻名世界的五大淡水湖。

它们按大小分别为苏必利尔湖、休伦湖、密歇根湖、伊利湖、安大略湖。

五大湖总面积约 245660 平方千米，是世界上最大的淡水水域。五大湖流域约为 766100 平方千米，南北延伸近 1110 千米，从苏必利尔湖西端至安大略湖东端长约 1400 千米。湖水大致从西向东流，注入大西洋。除密歇根湖和休伦湖外水平面相等外，各湖水面高度依次下降。

五大湖是始于约 100 万年前的冰川活动的最终产物。现在的五大湖位于当年被冰川活动反复扩大的河谷中。地面大量的冰也曾将河谷压低。现在的五大湖是更新世后期该地区陆续形成许多湖泊的最后阶段。

苏必利尔湖是北美洲五大湖最西北和最大的一个，也是世界最大的淡水湖之一，是世界上面积仅次于里海的第二大湖。湖东北面为加拿大，西南面为美国。湖面东西长 616 千米，南北最宽处 257 千米，湖面平均海拔 180 米，水面积 82103 平方千米，最大深度 405 米，蓄水量 1.2 万立方千米。有近 200 条河流注入湖中，以尼皮贡和圣路易斯河为最大。湖中主要岛屿有罗亚尔岛（美国国家公园之一）、阿波斯特尔群岛、米奇皮科滕岛和圣伊尼亚斯岛。沿湖多林地，风景秀丽，人口稀少。苏必利尔湖水质清澈，湖面多风浪，湖区冬寒夏凉。季节性渔猎和旅游娱乐业为当地主要项目。蕴藏有多种矿物。有很多天然港湾和人工港口。主要港口有加拿大的桑德贝和美国的塔科尼特等。全年通航期为 8 个月。该湖 1622 年为法国探险家发现，湖名取自法语，意为"上湖"。

五大湖群

休伦湖为北美五大湖中第二大湖。它由西北向东南延伸，长331千米，最宽处163千米，湖面积59570平方千米。有苏必利尔湖、密歇根湖和众多河流注入。湖水从南端排入伊利湖。湖面海拔176米，最大深度229米。东北部多岛屿。湖区主要经济活动有伐木业和渔业。沿湖多游览区。4月初～12月末为通航季节，主要港口有罗克波特、罗杰斯城等。休伦湖是第一个为欧洲人所发现的湖泊，名源出休伦族印第安人。

密歇根湖也叫密执安湖，是北美五大湖中面积居第三位，唯一全部属于美国的湖泊。湖北部与休伦湖相通，南北长517千米，最宽处190千米，湖盆面积近12万平方千米，水域面积57757平方千米，湖面海拔177米，最深处281米，平均水深84米，湖水蓄积量4875立方千米，湖岸线长2100千米。有约100条小河注入其中，北端多岛屿，以比弗岛为最大。沿湖岸边有湖波冲蚀而成的悬崖，东南岸多有沙丘，尤以印第安纳国家湖滨区和州立公园的沙丘最为著名。湖区气候温和，大部分湖岸为避暑地。东岸水果产区颇有名，北岸曲折多港湾，湖中多鳟鱼和鲑鱼，垂钓业兴旺。南端的芝加哥为重要的工业城市，并有很多港口。12月中～翌年4月中港湾结冰，航行受阻，但湖面很少全部封冻，几个港口之间全年都有轮渡往来。

伊利湖是北美五大湖的第四大湖，东、西、南面为美国，北面为加拿大。湖水面积25667平方千米。呈东北—西南走向，长388千米，最宽处92千米，湖面海拔174米，平均深度18米，最深64米，是五大湖中最浅的一个，湖岸线总长1200千米。底特律河、休伦河、格兰德河等众多河流注入其中，湖水由东端经尼亚加拉河排出。岛屿集中在湖的西端，以加拿大的皮利岛为最大。西北岸有皮利角国家公园（加拿大）。主要港口有美国的克利夫兰、阿什塔比拉等。沿湖工业区曾导致许多湖滨游览区关闭，20世纪70年代末环境破坏得到控制。

安大略湖是北美洲五大湖最东和最小的一个，北为加拿大，南是美国，大致成椭圆形，主轴线东西长311千米，最宽处85千米。水面约19554平方千米，平均深度86米，最深244米，蓄水量1688立方千米。有尼亚加拉、杰纳西、奥斯威戈、布莱克和特伦特河注入，经韦兰运河和尼亚加拉河与伊利湖连接。著名的尼亚加拉大瀑布上接伊利湖，下灌安大略湖，两湖落差 99 米。湖水由东端流入圣劳伦斯河。安大略湖北面为农业平原，工业集中在港口城市多伦多、罗切斯特等。港湾每年 12 月～翌年 4 月不通航。

该湖群地区气候温和，航运便利，矿藏丰富，是美国和加拿大经济最发达地区之一，也是旅游、度假的好地方。

"呼风唤雨" 的湖

"呼风唤雨" 一词，听起来实在有点飘渺。可是，在我国云南省高黎贡山原始林中，竟发现有这样的事情：这儿的林间小湖，平素湖面铁一般死静，水色黑绿，大风掀而不动。然而，只要湖畔有人大声说话，就会立即引起天色骤变，顿时下起雨来。话声越大，降雨越大；话声越长，雨时越长。降雨随话声作变，行停由人作定。这种奇特的湖，真可谓之 "呼风唤雨" 的湖。世界湖类，故有千秋。然而，像这样的奇湖，他处还不曾有。

喜欢过 "群居" 生活的湖

湖泊家族的 "成员"，有些也喜欢过 "群居" 生活。北美洲的五大湖群，是世界上最大的淡水湖体系。这五大湖是：苏必利尔湖、密执安湖、休伦湖、伊利湖、安大略湖。总面积达 24.52 平方千米。大湖相依、相连，真是洋洋大观，享有 "美洲大陆地中海" 的称誉。五湖当中，又以苏必利尔湖最大，面积 8.24 万平方千米，为世界淡水湖之冠。伊利湖与安大略湖间的尼亚加拉瀑布，宽 1240 米，落差 51 米，水势澎湃，声传数里之外。悬泻的巨流，溅起了美丽的水花，景色雄伟，叹为观止。

中国青藏高原上的湖群，是世界上最大的高原湖群。大小湖泊 1000 多个，平均海拔 4000 米以上。世界第一高湖——珠峰北坡长芝冰川附近的淡水小湖（海拔 6166 米）和世界最高的大咸水湖——纳木湖（海拔 4718 米，又称 "天湖"），均在这里分布。

141

世界上湖泊最多的国家是芬兰，全国湖泊有 6 万多个，素有"千湖之国"之称。如果不是人们"以误传误"，大可命为"万湖之国"。

名字最长的湖

在美国马萨诸塞州和康涅狄格州的交界处，有一个以名字奇长而出名的小湖。湖泊的长度不过 48 千米，湖名却用了 44 个英文字母来表示：Chargoggagoggmanchaugagoggch – aubunagungamaugg。写起来麻烦，念起来绕口。它的中文音译也有 19 个字：查尔戈格加戈格曼乔加戈格乔布纳根加莫格。就湖名长度而言，可说是世界冠军了。是谁给这个小湖起的名字呢？据说最早是在这儿附近住过的印第安人。湖名的印第安语含义是：你在你那边捕鱼，我在我这边捕鱼，谁也不能在中间捕鱼。为了从简起见，地图上对这个小小的长名字湖，一般是用附近的韦伯斯特城一名相来替，借称曰：韦伯斯特湖。

最大的自流盆地

在盆地中打井，水能顺井自行向外喷出，这样的盆地，叫自流盆地。澳大利亚的中东部地区，就有这么一个盆地，面积约 177 万平方千米，人们称其为"大自流盆地"。在世界自流盆地中，它是最大的。

在这个盆地中旅行，地面自喷井随处可见。像澳大利亚这样气候干热的国家，有这样的大自流盆存在，不能不说是一种大幸。大自流盆地的地质构造是一个大向斜。盆地地下含水层，是侏罗纪多孔砂岩。含水层上下为不透水层。顶面为不透水层白垩纪页岩；底面不透水层为古生代沉积岩。砂岩含水层出露于降水丰富的东部高地。随着雨水的渗透作用，一部分降水沿渗水层流入盆地中部。由于地势东高西低，水源压力很大，降水可源源不断地向盆地中部运行。透水层成为巨大的地下水"贮存库"，不透水层成为受压很大的承压层。只要人们在上部承压层凿井、穿眼，地下水就可很快喷出，形成"自流水"。

大自流盆地的地下水，深 200～2000 米，储量非常丰富。由于水温和水质矿化度较高，人类饮用和农业灌溉都有一定困难，但是作为畜牧用水，却是一大宝贵资源。澳大利亚是世界上养羊业最发达的国家之一，大自流盆地，对其牧业发展有特殊作用。

中国最大的咸水湖——青海湖

青海湖位于青海省东北部。湖形呈椭圆形，东西稍长，周长 300 多千米，面积 4583 平方千米，湖面海拔 319 米，平均深度 18 米，最大水深 32.8 米，是我国最大的内陆咸水湖。

湖中鱼类单纯。主要是裸鲤（俗称湟鱼），味美肉香，备受当地人民的喜爱。湖中有驰名中外的鸟岛、海西山、海心山和孤插山（三块石）等 5 个岛屿。其中鸟岛之上，水草丰美，吸引了大批候鸟来此栖息，素有"鸟的王国"之称。每年 5～6 月份，来自我国南方、东南亚、南亚的斑头雁、鱼鸥、棕头鸥、赤麻鸭、鸬鹚等 11 种鸟，在岛上做巢育雏。

近年来，由于气候干燥，蒸发强烈，径流减小，导致水位下降，湖面缩小，原来的鸟岛已变成半岛。青海湖水天一色，波光潋滟，流云雁影，倒映湖中，环境清幽，加之地势较高，气候格外凉爽，即使烈日炎炎的盛夏，日平均气温也只有 15℃ 左右，实为理想的旅游和避暑胜地。

世界第一大湖泊——里海

世界上第一大湖泊——里海，位于亚欧大陆腹部，亚洲与欧洲之间，海的东北为哈萨克，东南为土库曼，西南为阿塞拜疆，西北为俄罗斯，南岸在伊朗境内，是世界上最大的湖泊，也是世界上最大的咸水湖，属海迹湖。整个海域狭长，南北长约 1200 千米，东西平均宽度 320 千米。面积约 386400 平方千米，相当全世界湖泊总面积（270 万平方千米）的 14%，比著名的北美五大湖面积总和（24.5 万平方千米）还大出 51%。湖水总容积为 76000 立方千米。里海湖岸线长 7000 千米。有 130 多条河注入里海，其中伏尔加河、乌拉尔河和捷列克河从北面注入，三条河的水量占全部注入水量的 88%。里海中的岛屿多达 50 个，但大部分都很小。海盆大体上为北、中、南三个部分。

最浅的为北部平坦的沉积平原，平均深度 4～6 米。中部是不规则的海盆，西坡陡峻，东坡平缓，水深约 170～788 米。南部凹陷，最深处达 1024 米，整个里海平均水深 184 米，湖水蓄积量达 7.6 万立方千米。海面年蒸发量达 1000 毫米。数百年间，里海的面积和深度曾多次发生变化。

里海为沿岸各国提供了优越的水运条件，沿岸有许多港口，有些港口与铁路相连系，火车可以直接开到船上轮渡到对岸。里海在这一地区交通运输网中以及在石油和天然气的生产中也具有重大意义；其优良的海滨沙滩日益被用作疗养和娱乐场所。

里 海

里海位于高加索山脉以东，制约着中亚巨大、平坦的土地。而其表面约低于海平面 27 米。靠近南面，最大深度为 1025 米。

里海通常被认为是世界最大咸水湖。然而这一观念并不完全正确，因为科学研究表明，里海经由亚速海、黑海和地中海与世界海洋沟通。这一因素对于其自然地理所有方面的形成产生强烈影响。里海具有特别的科学研究意义，因为其历史，尤其是其面积和深度在以前的变化，为这一地区复杂的地质和气候演变提供了线索。人为变化，特别是广阔的窝瓦河系堤坝、水库与运河造成的变化，对于当代水文平衡已有影响。

地球上的"天湖"——纳木错

中国青藏高原是世界上咸水湖聚集区,星罗棋布的湖泊有 1500 多个,海拔 5000 米以上的有 70 多个。

纳木错是藏语"天湖"的意思,比世界上最高的淡水湖——南美的的的喀喀湖还要高 900 多米,它位于西藏拉萨市以北当雄、班戈两县之间。湖南是雄伟壮丽的念青唐古拉山,北侧和西北侧是起伏和缓的藏北高原。湖开狭长,东西长 70 千米,南北宽 30 千米,面积为 1940 平方千米。

大约在距今 200 万年以前,地壳发生了一次强烈的运动,青藏高原大幅度隆起,岩层受到挤压,有的褶皱隆起,成为高山,有凹陷下落,成了谷地或山间盆地。纳木错就是在地壳构造运动陷落的基础上,又加上冰川活动的影响造成的。早期的纳木错湖面非常辽阔,

纳木错湖

湖面海拔比现在低得多。那时气候相当温暖湿润,湖水盈盈,碧波万顷,就如同一个大海。后来由于地壳不断隆起,纳木错也跟着不断上升,加上在距今 1 万年以来,高原气候变是干燥,湖水来源减少,湖面就大大缩小了,湖泊则被抬升到现在的高度。现在湖面海拔 4718 米,是世界上海拔最高、面积超过 1000 平方千米的大湖。青藏高原的窝尔巴错,湖面海拔虽达 5465 米,但窝尔巴错面积很小。南美洲的安第斯山虽有著名的高山湖——的的喀喀湖,面积达 8330 平方千米,但的的喀喀湖的海拔仅 3812 米,比纳木错低将近 1000 米。

纳木错的湖水来源主要是天然降水和高山融冰化雪补给,湖水不能外

流，是西藏第一大内陆湖。湖区降水很少，日照强烈，水分蒸发较大。湖水苦咸，不能饮用，是我国仅次于青海湖的第二大咸水湖。

纳木错，又称腾格里海、腾格里湖。蒙语腾格里，意为"天"，这是因为湖水湛蓝明净如无云的蓝天，所以名之。湖周雪峰好像凝固的银涛，倒映于湖中，肃穆、庄严，极自然之致。湖中有三个岛屿，东南面是由石灰岩构成的半岛，发育成岩溶地形，有石柱、天生桥、溶洞等，景色美丽多姿。

由于气候高寒，冬季湖面结冰很厚，至翌年5月开始融化，融化时裂冰发出巨响，声传数里，亦为一自然奇景。纳木错的资源相当丰富，蕴藏着丰富的矿产，例如食盐、碱、芒硝、硼等，藏量均很大。湖中盛产鱼类，细鳞鱼和无鳞鱼成群结队在湖里游弋，主要是鲤科的裂腹鱼和鳅科的条鳅。这些鱼和平原地区的同类鱼不一样，是200万年以来，由这里原有的鱼类，随着地壳地隆起，适应高原的特殊环境，逐步变异演化而来的。有些鱼还保留着头大尾短的原始特征。裂腹鱼一般可长到一两千克，大的可长到七八千克甚至几十千克。过去由于藏族没有吃鱼的习惯，湖鱼自生自灭，从不怕人，人近湖边，鱼儿纷纷游来。每当夏季，湖中的鱼群从湖泊深处游到湖边滩地、河口产卵时，往往随手即可抓获。

纳木错有罗萨、打尔古藏布、查哈苏太河等水注入。湖的周围是广阔无垠的湖滨平原，生长着蒿草、苔藓、火绒草等草本植物，是水草丰美的天然牧场，全年均可放牧。藏北的牧民每年在冬季到来之前，就把牛羊赶到这里，度过风雪寒冬。夏天的纳木错最为欢腾喧闹，野牦牛、岩羊、野兔等野生动物在广阔的草滩上吃草；无数候鸟从南方飞来，在岛上和湖滨产卵、孵化、哺育后代；湖中的鱼群时而跃出水面，阳光下银鳞闪烁；牧人扬鞭跃马，牛羊涌动如天上飘落的云彩，高亢、悠扬的歌声在山谷间回响。幽静安谧的纳木错生机勃勃，意趣盎然。难怪藏族人民要把纳木错看作是美好、幸福的象征了。

大自然赐予的神奇景观——瀑布

　　流动的河水突然而近似垂直跌落的地区，称为瀑布。瀑布表示河水流动中的主要阻断。在大部分情况下，河流总是透过侵蚀和淤积过程来平整流动途中的不平坦之处。经过一段时间以后，河流那长长的纵断面（坡度曲线）形成一平滑的弧线：河源处最陡，河口处最和缓。瀑布中断了这弧线，它们的存在是对侵蚀过程进展的一个测定。瀑布也称河落（falls，亦译瀑布），有时也称大瀑布（cataract），当谈及很大的水量时，后者尤为常见。比较低、陡峭度较小的瀑布称小瀑布（cascade），这名称常用以指沿河一系列小的跌落。有的河段坡度更平缓，然而在河流坡降局部增加处相应出现湍流和白水，这些河段称急流。

　　瀑布在地质学上叫跌水，即河水在流经断层、凹陷等地区时垂直地跌落。在河流的时段内，瀑布是一种暂时性的特征，它最终会消失。侵蚀作用的速度取决于特定瀑布的高度、流量、有关岩石的类型与构造以及其他一些因素。在一些情况下，瀑布的位置因悬崖或陡坎被水流冲刷而向上游方向消退；而在另一些情况下，这种侵蚀作用又倾向于向下深切，并斜切包含有瀑布的整个河段。随着时间的推移，这些因素的任何一个或两个在起作用，河流不可避免的趋势是消灭任何可能形成的瀑布。

　　河流的能量最终将建造起一个相对平滑的、凹面向上的纵剖面。甚至当作为河流侵蚀工具的碎石不存在的情况下，可用于瀑布基底侵蚀的能量也是很大的。与任何大小的瀑布相关，也与流量和高度相关的特征性特点之一，就是跌水潭的存在，它是在跌水的下方，在河槽中掘蚀出的盆地。

在某些情况下，跌水潭的深度可能近似于造成瀑布的陡崖高度。跌水潭最终造成陡崖坡面的坍塌和瀑布后退。

造成跌水的悬崖在水流的强力冲击下将不断地坍塌，使得瀑布向上游方向后退并降低高度，最终导致瀑布消失。

世界最宽的瀑布——莫西奥图尼亚瀑布

位于非洲赞比西河上游的、赞比亚和津巴布韦交界处的巴托卡峡谷中的莫西奥图尼亚瀑布，是世界最宽的瀑布。

此瀑布呈"之"字形，绵延97千米。主瀑布高达122米，宽度达1800米，被岩岛分隔成5段，飞流直下，泻入宽仅400米的深潭，发出隆隆巨响，激起阵阵水雾，在10千米以外都能听到雷鸣般的声音。因此，当地人称它为"莫西奥图尼亚"，意思就是"声若雷鸣的雨雾"或"水烟"。

莫西奥图尼亚瀑布

瀑布平均流量1400立方米/秒，雨季可达5000立方米/秒，蕴藏着巨大的水利资源，并成为著名的旅游胜地。

莫西奥图尼亚瀑布也叫维多利亚瀑布，这是欧洲人利文斯顿1885年来这里探险时，硬给这个瀑布加上了英国女王"维多利亚"的名字。因此在一些旧地图上，这个瀑布被标注为"维多利亚瀑布"。自从赞比亚独立以后，才恢复了"莫西奥图尼亚瀑布"的名称。

落差最大的瀑布——安赫尔瀑布

位于南美洲委内瑞拉东南部圭亚那高原上的安赫尔瀑布，犹如"天上"的水帘，落差高达979米，气势磅礴、宏伟壮观，是世界上最高的瀑布。

这个令人神往的大瀑布，隐藏在一片浓密的原始森林中，此处是高山耸立的大峡谷，人迹罕至，人称"魔鬼崖"。1937年，美国飞行员安赫尔探险到此，发现了这个世界罕见的大瀑布，因此而得名。1949年，经过美国一支地理探险队的考察，再次证实了这个气势宏伟的大瀑布。现瀑布区已

安赫尔瀑布

辟为旅游胜地，由于从陆地上不易接近瀑布，观瀑的人只能乘飞机从空中鸟瞰。可听到胜似飞机轰鸣声的隆隆巨响，看到恰从云层中飞泻而下的白练。

两湖间的瀑布——尼亚加拉瀑布

尼亚加拉瀑布位于美国和加拿大之间的伊利湖和安大略湖间的尼亚加拉河上。伊利湖水面高出安大略湖100米，联系两湖的尼亚加拉河在流经横亘其间的石灰岩崖壁时，河水骤然陡落，成为世界著名的尼亚加拉大瀑布。瀑布以中间的山羊岛分左、右两部分——左边的称马蹄瀑布，宽800米，落差49米，属加拿大；右边的称亚芙利加瀑布，宽305米，落差51米，属美国。

尼亚加拉瀑布周围已成为世界著名的旅游区。在瀑布两岸，美国和加拿大各有一个尼亚加拉瀑布城，两座城市之间有桥梁相通。这里的游乐设施比较完善，人们可以乘直升飞机、小艇，登眺望塔观赏壮丽景色，也可以乘电梯深入地下隧道，倾听雷鸣般的水声。

尼亚加拉瀑布

最大的噪声之地——奥赫拉比斯瀑布

　　奥赫拉比斯瀑布是世界第五大瀑布，位于南非首都开普敦西北部的奥兰治河上。奥兰治河又称橘河，发源于莱索托高原上德拉肯斯山脉中的马洛蒂山，向西流经南非中部和南非与纳米比亚的边界后，于亚历山大贝注入大西洋。中下游流经干燥地带，支流稀少，水量的季节变化很大。河床呈阶梯状降落，形成著名的奥赫拉比斯瀑布，落差达 122 米，景色极为优美壮观。瀑布从高处分 5 段飞流直下到 18 千米长的雄壮的峡谷时，发出震耳欲聋的轰鸣声。科伊科伊人将之命名为奥赫拉比，意为"最大噪声之地"。

奥赫拉比斯瀑布

冒烟的水——青尼罗河瀑布

青尼罗河瀑布在当地被称为"梯斯塞特"，意思是"冒烟的水"。青尼罗河源头在海拔 2000 米的埃塞俄比亚高地，全长 680 千米，穿过塔纳湖，然后急转直下，形成一泻千里的青尼罗河瀑布。在一条高 55 米的裂缝中，瀑布从天而降，形成美丽的彩虹。这里还栖息着多种令人神往的野生动物和小鸟。旁边的塔纳湖并被认为是青泥罗河的发源地。湖中有大约 20 座岛屿，多有历史遗迹和文物。

青尼罗河瀑布

伊瓜苏瀑布

伊瓜苏瀑布，位于南美洲巴西与阿根廷界河伊瓜苏河下游。它由 270 多股急流和泻瀑组成，平均落差 72 米，宽 2700 米，流量约为 1700 立方米/秒，产生出巨大的蒸汽云团。雨季时节，多个瀑布群相接相汇，水势浩荡，飞流震响，蔚为壮观。伊瓜苏是瓜拉尼语"大水"的意思。发源于巴西南部的伊瓜苏河，沿途水势渐大，至平原地带，河道宽达 4 千米左右，在与巴拉那河汇合前 23 千米处，伊瓜苏河突遇百尺高崖，飞流直下。在总宽约 4000 米的河面上，河水被岩石和树木分隔成大大小小的瀑布，跌落成瀑布群，形状如马蹄形。水流在飞落峡谷底部之前，先冲到高崖半腰的石台上，轰然作响，20千米外仍可听见。瀑布跌落，飞花溅玉，形成150米高的水帘，彩虹飞架。伊瓜苏瀑布群的200多条瀑布，有各种各样的名字，如"情侣"、"亚当与夏娃"、"圣马丁"、"魔鬼咽喉"等，分属巴西和阿

伊瓜苏瀑布

根廷所有，其中大都在阿根廷一侧。伊瓜苏瀑布沿河一带的植物生长茂盛，种类繁多，植物学家将这里的植物视为当今世界上最精美的样本。

153

最长的瀑布——基桑加尼瀑布

基桑加尼瀑布位于非洲的刚果（金）的刚果河的上游段。刚果河从高原突然坠落到平原，形成了世界上最长的瀑布——基桑加尼瀑布群。基桑加尼瀑布是由许多瀑布组成的瀑布群，瀑布群分布在100千米的的河道上，跨越赤道，其中有7个比较大的瀑布，南边的5个瀑布相距较近，落差也不大。最大的一个瀑布宽800米，落差50米。在下游地段又有一系列的瀑布，其中"利文斯顿瀑布"总落差有280米，这里两岸悬崖陡壁，河宽仅有400米，最窄的地方只有220米，汹涌咆

基桑加尼瀑布

哮的河水奔腾直下，气势壮观，因此，蕴藏着丰富的水利资源。从动力学的观点来看，该瀑布群是个天然的发电站，每年可提供上百亿度的电力。

水力丰富的利文斯敦瀑布群

利文斯敦瀑布群位于扎伊尔西部，在刚果河（扎伊尔河）下游的峡谷中，距马塔迪约 40 千米。包括从首都金沙萨到马尼扬加 120 千米河段内，连续出现的约 30 个瀑布或急流，总落差约 80 米。这里水力丰富，因加河河曲处建有因加水电站，是世界大型的水电工程之一。

利文斯敦瀑布群

非洲落差最大的瀑布——图盖拉瀑布

图盖拉瀑布位于非洲南部，在南非纳塔尔省西部的图盖拉河上游。为图盖拉河上游河段穿过德拉肯斯堡山脉后下跌而成。它是一个瀑布群，总落差944米，由五级组成，其中最大一级的落差达411米，气势磅礴，是非洲落差最大的瀑布。附近有野生动物保护区和皇家纳塔尔国家公园。

著名旅游胜地——卡巴雷加瀑布

卡巴雷加瀑布旧称"默奇森瀑布"，位于乌干达西北部维多利亚尼罗河上，西距注入蒙博托湖处32千米。整体瀑布落差120米，分三级：第一级落差40米，即卡巴雷加瀑布，河流切过壁立险岩，河身紧束，最窄处仅6米。河水奔腾咆哮，经陡崖直泻而下，形成40米高的瀑布，似银练飞舞，腾空而起，直泻而下，水花四溅，层层雾霭，声若雷鸣，远在几千米之外便可闻其声，十分壮观。谷底为一深潭，浪花鼎沸，水珠浮游，形成奇特的一道风景线。尼罗河自维多利亚湖流出后，水势湍急，此段河面仅宽6米，形成"瓶口"状，加上河地势突然下降，便有了这一非洲著名的瀑布。周围地区辟为卡巴雷加国家公园，是著名游览地。

卡巴雷加瀑布

热带雨林瀑布——凯厄图尔瀑布

凯厄图尔瀑布位于圭亚那中部，在塞奎博河中游的支流波塔罗河上。波塔罗河自帕卡赖马高原下跌后，再下蚀26米直达底部的大岩石上，形成一道高大的瀑布，宽达91~106米，落差226米。属热带雨林气候。这里景色极为壮丽，1930年辟为凯厄图尔国家公园，为圭亚那的主要游览中心。据当地传说，凯厄是很久很久以前巴塔穆那部落首领的名字。后来，爱好和平的巴塔穆那部落同入侵的强悍加勒比人之间爆发了一场战争。为了使他的部落摆脱战争，凯厄决定用自己的生命换取和平，于是他乘了一艘独木船

凯厄图尔瀑布

随瀑布而下。为了纪念他，人们将这个大瀑布命名为凯厄图尔，"图尔"是瀑布的意思。

非常壮观的瀑布——塔卡考瀑布

塔卡考瀑布是加拿大第三高瀑，位于加拿大的不列颠哥伦比亚省，落差高达410米。塔卡考是土著语"壮观"的意思，这是一个非常壮观的瀑布。横跨不列颠哥伦比亚与艾伯塔两省的落基山脉，曾经经历强烈的冰川作用，冰川侵蚀而成的地貌，如角峰、冰斗、U形谷等分布广泛。因为地球的温室效应，山顶的冰川大量融化，约霍公园内的塔卡考瀑布以410米的落

差发出巨响。即使在秋天，这里的水量也是惊人的多，巨大的水量从悬壁的边缘倾泻而出，两阶段地落入谷底。在几千米外就能听到轰鸣的水声。近些年加拿大的冰川大量减少，不知道像塔卡考这样的瀑布还能继续存在多少年。

举行了葬礼的瀑布——塞特凯达斯大瀑布

塞特凯达斯大瀑布在拉丁美洲巴西与阿根廷两国国境交界处的巴拉那河上。塞特凯达斯大瀑布曾经是世界上流量最大的瀑布，汹涌的河水从悬崖上咆哮而下，滔滔不绝，一泻千里。尤其是每年汛期，气势更是雄伟壮观，每秒钟就有 1 万立方米的水从几十米的高处飞泻而下，在下面撞开了万朵莲花，溅起的水雾飘飘洒洒，有时高达近百米，更有震耳欲聋的水声，为大瀑布壮威。据说在 30 千米外，瀑布的巨响声还清晰可闻。20 世纪 80 年代，在瀑布上游建立了一座伊泰普水电站，水电站高高的拦河大坝截住了大量的河水，使得塞特凯达斯大瀑布的水源大减，周围工厂的无节制用

157

塞特凯达斯大瀑布

水，沿河两岸的森林乱看滥伐，水土大量流失，大瀑布水量逐年减少，直到枯竭。1986 年 9 月，在拉丁美洲巴拉那河上，为塞特凯达斯大瀑布举行了特殊的葬礼，巴西总统菲格雷特穿黑色葬礼服亲自主持了这个葬礼。

仿佛金子锻造的黄金瀑布

　　黄金瀑布位于冰岛的雷克雅未克东北 125 千米处，塔河在这里形成上、下两道瀑布，下方河道变窄成激流。黄金瀑布是欧洲著名的瀑布之一，为冰岛最大的断层峡谷瀑布，宽 2500 米，高 70 米。倾泻而下的瀑布溅出的水珠弥漫在天空，天气晴朗时，在阳光照射下形成道道亮艳的彩虹，仿佛整个瀑布是用金子锻造成的，景象瑰丽无比，令游客流连忘返。冬天，往下游倾泻的瀑布两侧，冻成了晶莹透亮的淡蓝色冰柱，恰似一幅幅天然玉雕。由于那冰柱是在流动中形成的，极富动感，层次鲜明。

黄金瀑布

断层峡谷瀑布——古斯佛瀑布

古斯佛瀑布位于冰岛首都雷克雅未克以东北 125 千米外，宽 2500 米，高 70 米，为冰岛最大的断层峡谷瀑布，塔河在这里形成上、下两道瀑布，下方河道变窄成激流。1975 年农庄主人将它送给冰岛政府作为自然保留区。现在这里方圆 700 千米内，有鬼斧工的国会断层、碧草如茵蓝天白云倒影的国会湖、烟雾缭绕直冲云霄的间歇喷泉区等，是冰岛风景最迷人的精华区。

古斯佛瀑布

159

欧洲最大的瀑布——莱茵瀑布

莱茵瀑布是欧洲最大的瀑布，在德国与瑞士的边境，位于瑞士沙夫豪森州和苏黎世州交界处的莱茵河上。莱茵瀑布宽 150 米，虽然落差只有 23 米，但流量达 700 立方米/秒，游人都会被其宽阔与气势所震撼。在水量尤其多的五六月份融雪期，更是气势恢宏。诗人歌德曾为其魅力深深感动，前后 4 次来到莱茵瀑布。在瀑布下游有渡船往返于两岸之间，也有游船可将游客送到瀑布中央的小岛上观赏瀑布壶口的景色。莱茵瀑布已有 1 万多年历史，2 万年前尚无瀑布，后因冰川活动和莱茵河改道，形成了现在的景象。自古以来这里就是著名的观光胜地。

莱茵瀑布

白丝带——萨瑟兰瀑布

萨瑟兰瀑布被毛利人喻为"白丝带"，位于新西兰南岛中西部的库克山上。库克山海拔3770多米，峰峦重叠，景色瑰丽，高坡上是斑斑积雪，萨瑟兰瀑布从580米处倾泻而下，以580米的落差成为南半球第一大瀑布，也是世界上最高的瀑布。它的周围除了悬崖峭壁外，还有繁茂的热带雨林。

泡沫瀑布——胡卡瀑布

胡卡瀑布位于新西兰北岛的奥克兰地区，在陶波北方3千米处的怀拉基观光公园内。浅蓝如宝石的怀卡托河由12米高的河道断层冲泻而下，造成

230 吨/秒巨量的水流，河水因隘口及断层的作用，产生喷射及向下的巨大动力，形成泡沫般的水瀑渲泻而下，故当地人称此瀑布为"胡卡"，也就是泡沫的意思。瀑布落差仅 11 米，但每秒钟从崖顶倾泻下来的水量高达 220 吨，水量充沛，水声如雷，气势磅礴。瀑布旁有一个游客信息中心，还有许多位置不错的观景台。

胡卡瀑布

161

流量最大的瀑布——孔瀑布

孔瀑布是湄公河的最大瀑布，位于老挝南部边境。宽 10 千米，洪汛落差 15 米，枯水落差 24 米。瀑布被岩礁分成两半，西边松帕尼瀑布最高，枯水时完全断流；东边帕彭瀑布枯水时落差 18 米。雨季洪汛流量 4 万平方米/秒。孔瀑布号称东南亚之最，是世界流量最大的瀑布。发源于中国青藏高原的湄公河是东南亚的主要国际河流，上源称澜沧江，流入中南半岛称湄公河，经缅甸、老挝、泰国、柬埔寨和越南，注入南海。河长 2600 多千米，其下游段从巴色到金边，长 559 千米，流经平坦而略为起伏的准平原，海拔不到 100 米，河身宽阔，但在老挝与柬埔寨交界处有一道巨大的瀑布，即孔瀑布，是全河最大的险水。

孔瀑布

亚洲最大的瀑布——黄果树瀑布

著名的黄果树大瀑布，中国第一大瀑布，地处贵州省镇宁县，为打帮河上源白水河上黄果树地段九级瀑布中的最大一级瀑布。瀑布宽约 20 米（夏季水大时可达 30~40 米），从 60 米高处的悬崖上直泻犀牛潭。流量达 2000 多立方米/秒。以水势浩大著称，也是世界著名大瀑布之一。景区内以黄果树大瀑布（高 77.8 米，宽 101 米）为中心，采用全球卫星定位系统（GPS）等科学手段，测得亚洲最大的瀑布——黄果树大瀑布的实际高度为 77.8 米，其中主瀑高 67 米；瀑布宽 101 米，其中主瀑顶宽 83.3 米，分布着雄、奇、险、秀风格各异的大小 18 个瀑布，形成一个庞大的瀑布"家族"，被大世界吉尼斯总部评为世界上最大的瀑布群，列入世界吉尼斯记录。黄果树大瀑布是黄果树瀑布群中最为壮观的瀑布，是世界上唯一可以从上、下、前、后、左、右六个方位观赏的瀑布，也是世界上有水帘洞自然贯通且能从洞内外听、观、摸的瀑布。

瀑布对面建有观瀑亭，游人可在亭中观赏汹涌澎湃的河水奔腾直泻犀牛潭，腾

黄果树瀑布

起水珠高 90 多米，在附近形成水帘，盛夏到此，暑气全消。瀑布后绝壁上凹成一洞，称"水帘洞"，洞深 20 多米，洞口常年为瀑布所遮，可在洞内窗口窥见天然水帘之胜境。

163

庐山瀑布

"日照香炉生紫烟，遥看瀑布挂前川，飞流直下三千尺，疑是银河落九天。"唐代诗人李白的豪迈之言真让人叹为观止！

诗中所云即为庐山瀑布，位于江西省星子县庐山秀峰景区，悬于双剑、文殊二峰之间，瀑水被二崖紧束喷洒，如骥尾摇凤，故又名称"马尾水"。

庐山瀑布群是有历史的，历代诸多文人骚客在此赋诗题词，赞颂其壮观雄伟，给庐山瀑布带来了极高的声誉。最有名的自然是唐代诗人李白的《望庐山瀑布》，已成千古绝唱。

庐山瀑布

庐山的瀑布群最著名的应数三叠泉，被称为庐山第一奇观，旧有"未到三叠泉，不算庐山客"之说。三叠泉瀑布之水，自大月山流出，缓慢流淌一段后，再过五老峰背，经过山川石阶，折成三叠，故得名三叠泉瀑布。

站在三叠泉瀑布前的观景石台上举目望去，但见全长近百米的白练由北崖口悬注于大盘石之上，又飞泻到第二级大盘石，再稍作停息，便又一次喷洒到第三级大盘石上。白练悬挂于空中，三叠分明，正如古人所云："上级如飘云拖练，中级如碎石摧冰，下级如玉龙走潭。"而在水流飞溅中，远隔十几米仍觉湿意扑面。

黄河壶口瀑布

壶口瀑布位于陕西宜川和山西吉县之间，主瀑布宽40米，落差30多米，黄河在偏关老牛湾撞开了山西的大门，然后转而奔流向南，好似一把利剑把秦晋高原一劈两半，豁开一道深邃的峡谷，250米的河谷变成30米。滔滔黄河，奔流到此，河道急剧变窄，这时河水奔腾怒啸，跌进约30米落差的深潭中，山鸣谷应，形若巨壶沸腾，故名"壶口瀑布"。

九寨沟瀑布

九寨沟沟内有大小海子108个，湖水清澈。断崖分布于上下海子之间，湖水由上落入下海子时，便形成一道道银白色的瀑布。在九寨沟瀑布群中，诺日朗瀑布以

九寨沟瀑布

最宽的瀑面而著名。它瀑宽达140多米，呈多级下跌，崖壁上长满繁茂青翠的树木。瀑水从林木间穿流下泻，形成罕见的"森林瀑布"奇观。

湿地沼泽——地球之肾

湿地表面常年或经常覆盖着水或充满了水，是介于陆地和水体之间的过渡带。湿地广泛分布于世界各地，是地球上生物多样性丰富和生产力较高的生态系统。

世界湿地日

湿地国际 1996 年 3 月在澳大利亚布里斯班召开了第六届缔约方大会。大会通过了 1997～2002 年战略计划。1996 年 10 月常委会通过决议，宣布每年 2 月 2 日为世界湿地日。1998 年 10 月常委会决定更换会标。1999 年 5 月在哥斯达黎加召开了第七届缔约方大会。大会决定编纂一套工具书，正式确认国际鸟类组织、世界保护联盟、湿地国际和世界自然基金会为公约的伙伴组织。

2005 年 2 月 2 日是第九个世界湿地日。湿地公约常委会将今年世界湿地日的主题定为："湿地文化多样性与生物多样性。"其主要目的是倡导各国政府、非政府组织和有识之士利用一切机会，开展各种保护、宣传活动，提高公众对湿地在保护和丰富文化多样性与生物多样性方面的价值及其重要意义的认识，进而促进更好地保护与合理利用湿地资源。

湿地具有涵养水源、净化水质、调蓄洪水、控制土壤侵蚀、补充地下水、美化环境、调节气候、维持碳循环和保护海岸等极为重要的生态功能，是生物多样性的重要发源地之一，因此也被誉为"地球之肾"、"天然水库"和"天然物种库"。据联合国环境署 2002 年的权威研究数据显示，1 公顷湿地生态系统每年创造的价值高达 1.4 万美元，是热带雨林的 7 倍，是农田生态系统的 160 倍。湿地还是许多珍稀野生动植物赖以生存的基础，对维护生态平衡、保护生物多样性具有特殊的意义。

湿 地 概 述

精确地给湿地下定义是困难的，不仅因为其广泛的地理分布，而且因为其水文条件的广泛差异。

湿地是地球上一种重要的生态系统。它处于陆地生态系统（如森林和草地）与水生生态系统（如深水湖和海洋）之间。换言之，湿地是陆生生态系统和水生生态系统之间的过渡带。湿地结合了陆地生态系统和水生生

三江平原的沼泽

态系统的属性，但又不同于二者。

湿地的水文条件是湿地属性的决定性因子。湿地既不像陆生系统那样干，也不像水生系统那样有永久性深水层，而是经常处于土壤水分饱和或有浅水层覆盖。湿地与陆生系统的分界在土壤分饱和范围的边缘；而与深水系统的交界一般定为水深2米约相当于挺水植物可以生长范围边界。水的来源（如降水、地表延流、地下水、潮汐和泛滥河流）、水深、水流方式，以及淹水的持续期和频率决定了湿地的多样性。

水对湿地土壤的发育有深刻的影响。湿地土壤通常称为湿土或水成土。美国水土保持局给水成土下的定义是："在生长季足够长时间内，在不排水的条件下是饱和的、淹水的或成塘的，形成有利于水生植物生长和繁殖的无氧条件的土壤。"

湿地由于其特殊的水文条件和水成土，支持了独特的适应此条件的生物系统。湿地有丰富的生物多样性和很高的生产力。植被往往是湿地辨识的重要标志。

对于湿地，有广义的和狭义的两种定义。水饱和或淹浅水、水成土和水生植被三者都具备的土地称湿地，这是狭义的定义。三者只要有主要是水文条件具备的土地就是湿地，这是广义的定义。看来，狭义的湿地定义有些偏窄，广义的湿地定义又嫌太宽，故只要有周期性淹水和水成土的土地就可以称为湿地。

三个条件都存在的湿地是沼泽。沼泽只是湿地的一种主要类型。没有土壤水饱和或土壤覆盖浅水层就不是湿地。没有土壤的岩岸，没有水成土的新水库，及非土壤基质的河滩都不在狭义湿地范畴之内。某些地方（如低洼地）暂时不存在水生植被，但存在有利于水生植物生长的湿土条件，也应属于湿地之列。

湿地为人类造福

湿地被誉为"地球之肾"，具有调节气候、调蓄水量、净化水体、美化环境等多种功能，在各类生态系统中，其服务价值居于首位。具体作用如下：

（1）提供水源：湿地常常作为居民生活用水、工业生产用水和农业灌溉用水的水源。溪流、河流、池塘、湖泊中都有可以直接利用的水。其他湿地，如泥炭沼泽森林可以成为浅水水井的水源。

（2）补充地下水：我们平时所用的水有很多是从地下开采出来的，而湿地可以为地下蓄水层补充水源。从湿地到蓄水层的水可以成为地下水系统的一部分，又可以为周围地区的工农生产提供水源。如果湿地受到破坏或消失，就无法为地下蓄水层供水，地下水资源就会减少。

（3）调节流量，控制洪水：湿地是一个巨大的蓄水库，可以在暴雨和河流涨水期储存过量的降水，均匀地把径流放出，减弱危害下游的洪水，因此保护湿地就是保护天然储水系统。

（4）保护堤岸，防风：湿地中生长着多种多样的植物，这些湿地植被可以抵御海浪、台风和风暴的冲击力，防止对海岸的侵蚀，同时它们的根系可以固定、稳定堤岸和海岸，保护沿海工农业生产。如果没有湿地，海岸和河流堤岸就会遭到海浪的破坏。

（5）清除和转化毒物和杂质：湿地有助于减缓水流的速度，当含有毒物和杂质（农药、生活污水和工业排放物）的流水经过湿地时，流速减慢，有利于毒物和杂质的沉淀和排除。此外，一些湿地植物像芦苇、水湖莲能有效地吸收有毒物质。在现实生活中，不少湿地可以用做小型生活污水处理地，这一过程能够提高水的质量，有益于人们的生活和生产。

（6）保留营养物质：流水流经湿地时，其中所含的营养成分被湿地植被吸收，或者积累在湿地泥层之中，净化了下游水源。湿地中的营养物质养育了鱼虾、树林、野生动物和湿地农作物。

（7）防止盐水入侵：沼泽、河流、小溪等湿地向外流出的淡水限制了海水的回灌，沿岸植被也有助于防止潮水流入河流。但是如果过多抽取或排干湿地，破坏植被，淡水流量就会减少，海水可大量入侵河流，减少了人们生活、工农业生产及生态系统的淡水供应。

（8）提供可利用的资源：湿地可以给我们多种多样的产物，包括木材、药材、动物皮革、肉蛋、鱼虾、牧草、水果、芦苇等，还可以提供水电、泥炭薪柴等多种能源利用。

（9）保持小气候：湿地可以影响小气候。湿地水分通过蒸发成为水蒸气，然后又以降水的形式降到周围地区，保持当地的湿度和降雨量，影响当地人民的生活和工农业生产。

（10）野生动物的栖息地：湿地是鸟类、鱼类、两栖动物的繁殖、栖息、迁徙、越冬的场所，其中有许多是珍稀、濒危物种。

（11）航运：湿地的开阔水域为航运提供了条件，具有重要的航运价值，沿海沿江地区经济的迅速发展主要依赖于此。

（12）旅游休闲：湿地具有自然观光、旅游、娱乐等美学方面的功能，蕴涵着丰富秀丽的自然风光，成为人们观光旅游的好地方。

（13）教育和科研价值：复杂的湿地生态系统、丰富的动植物群落、珍贵的濒危物种等，在自然科学教育和研究中都具有十分重要的作用。有些湿地还保留了具有宝贵历史价值的文化遗址，是历史文化研究的重要场所。

169

浅谈湿地的保护

我国当前对湿地正处于研究和管理的起步阶段，以暂时采用狭义湿地定义为宜。

湿地是人类最重要的环境资本之一，被科学家们称为"生命的摇篮"、"地球之肾"、"自然界重要的基因库"。湿地不但具有丰富的资源，还有巨大的环境调节功能和生态效益。它们在提供水资源、调节气候、涵养水源、均化洪水、促淤造陆、降解污染物、保护生物多样性和为人类提供生产、生活资源方面发挥了重要作用。然而，伴随着全球化进程的加快，湿地正在面临着多样性生态系统被破坏的危险。保护湿地日益成为一个世界性的问题。

随着湿地面积的日益缩减，湿地生物多样性的问题逐渐引起人们关注。山东省地质测绘院完成的《山东省湿地资源调查报告》显示，山东湿地总面积为 17122 平方千米，占山东省陆地总面积的 7.58%，是长江以北湿地面积最多的省份之一。

调查结果显示，该省湿地资源分为近海及海岸带、湖泊、河流、沼泽湿地四大类十七种亚类，基本特征是自然湿地迅速减少，人工湿地面积大幅增加，黄河三角洲湿地成为自然湿地的"新秀"。具体分布为：近海及海岸湿地面积为 9941 平方千米，占全省湿地资源面积的 58%，在国内占有重要地位。其次是以黄河为代表的河流湿地和以南四湖为代表的湖泊湿地，面积分别为 2867 平方千米、1435 平方千米。

门类齐全、面积广阔的湿地，造就了该省良好的生态，使该省成为最适宜人类生存的地区之一。但近年来，随着人类对土地资源需要的增长以及水土流失、干旱等自然灾害的作用，该省湿地保护形势日益严峻。与 20 世纪 50 年代相比，该省湿地变化巨大：①湖泊、河流湿地面积逐年缩小。由于淤积和围垦造田等因素，北五湖基本消失，在其基础上建设的东平湖水域面积缩小了 16.7%，南四湖缩小了 26.45%，白云湖缩小了 92%。沂沭河流域是该省南部重要的湿地，但大量的水库建设使河流水面迅速减少。②湿地受到较严重的污染。工业废水、围湖养殖、海岸滩涂养殖，导致湖泊、河流、浅海污染和海水富营养化，严重危及到动植物和人类的生存。目前，沿海滩涂湿地面积为 4693 平方千米，盐田和虾田面积就达到 2714 平方千米，占到滩涂湿地面积的 57.8%。③自 20 世纪 50 年代以来，该省各地修建了大量的水库，水库面积净增 1186 平方千米，这些库塘湿地为防止旱涝灾害起到了巨大的作用，但对流域的生态环境也产生了巨大影响。

有关专家指出，湿地的逐年减少，除自然灾害外，主要是人为开发台田、养殖

黄河三角洲湿地

等造成的。如果对这些行为不加制止，该省湿地将受到严重威胁。建议政府对湿地保护立法，取缔围湖造田等行为，避免人为缩小湖区面积。黄河三角洲湿地是该省最大也是唯一自然增长的湿地，也应当搞好保护规划，防止人为开发导致新的危机。

早日着手保护湿地，将对未来发展产生重大影响。保护好今天的湿地也就是保护了未来国家发展的战略资源。

沼泽概述

沼泽是指地表过湿或有薄层常年或季节性积水，土壤水分几达饱和，生长有喜湿性和喜水性沼生植物的地段。由于水多，致使沼泽地土壤缺氧，在厌氧条件下，有机物分解缓慢，只呈半分解状态，故多有泥炭的形成和积累。又由于泥炭吸水性强，致使土壤更加缺氧，物质分解过程更缓慢，

夕阳下的沼泽地

氧分也更少。因此，许多沼泽植物的地下部分都不发达，其根系常露出地表，以适应缺氧环境。沼生植物有发达的通气组织，有不定根和特殊的繁殖能力。沼泽植被主要由莎草科、禾本科及藓类和少数木本植物组成。沼泽地是纤维植物、药用植物、蜜源植物的天然宝库，是珍贵鸟类、鱼类栖息、繁殖和育肥的良好场所。沼泽具有湿润气候、净化环境的功能。

　　地球上除南极尚未发现沼泽外，各地均有沼泽分布。地球上最大的泥炭沼泽区在西西伯利亚低地，它南北宽 800 千米，东西长 1800 千米，这个沼泽区堆积了地球全部泥炭的 40%。我国的沼泽主要分布在东北三江平原和青藏高原等地。俄罗斯的西伯利亚地区有大面积的沼泽，欧洲和北美洲北部也有分布。

172

沼泽类型

　　在高纬度地区，典型的沼泽常呈现一定的发育过程：随着泥炭的逐渐积累，基质中的矿质营养由多而少，而地表形态却由低洼而趋向隆起，植物也相应发生改变。沼泽发育过程由低级到高级阶段，因此有富养沼泽（低位沼泽）、中养沼泽（中位沼泽）和贫养沼泽（高位沼泽）之分。其中，低位沼泽、中位沼泽、高位沼泽是根据沼泽土壤中水的来源划分的。

　　富养沼泽（低位沼泽）：是沼泽发育的最初阶段。沼泽表面低洼，经常成为地表径流和地下水汇集的所在。水源补给主要是地下水，随着水流带来大量矿物质，营养较为丰富，灰分含量较高。水和泥炭的 pH 值呈酸性至中性，有的受土壤底部基岩影响呈碱性。如中国川西北若尔盖沼泽的泥炭呈碱性反应，就是因为该

若尔盖沼泽

区基岩多为灰质页岩与灰岩夹层，pH 值多在 8 左右。富养沼泽中的植物主要是苔草、芦苇、蒿草、木贼、桤木、柳、桦、落叶松、落羽松、水松等等。

贫养沼泽（高位沼泽）：往往是沼泽发育的最后阶段。随着沼泽的发展，泥炭藓增长，泥炭层增厚，沼泽中部隆起，高于周围，故称为高位沼泽或隆起沼泽。水源补给仅靠大气降水，水和泥炭呈强酸性，pH 值为 3 ～ 4.5。灰分含量低，营养贫乏，故名。沼泽植物主要是苔藓植物和小灌木杜香、越橘以及草本植物棉花莎草，尤其以泥炭藓为优势，形成高大藓丘，所以，贫养沼泽又称泥炭藓沼泽。

中养沼泽（中位沼泽）：属于上述两者之间的过渡类型，由雨水与地表水混合补给，营养状态中等。有富养沼泽植物，也有贫养沼泽植物。苔藓植物较多，但尚未形成藓丘，地表形态平坦，称为中位沼泽或过渡沼泽。

由于沼泽地的土壤有泥炭土与潜育土之分，沼泽可分为泥炭沼泽和潜育沼泽两大类。

173

芦　苇

另外，按植被生长情况，可以将沼泽分为草本沼泽、泥炭藓沼泽和木本沼泽。

木本沼泽即中位沼泽：主要分布于温带，植被以木本中养分植物为主，有乔木沼泽和灌木沼泽之分，优势植物有杜香属、桦木属和柳属。

草本沼泽：是典型的低位沼泽，类型多，分布广，常年积水或土壤透湿，以苔草及禾本科植物占优势，几乎全为多年生植物，很多植物具根状茎，常交织成厚的草根层或浮毡层，如芦苇和一些苔草沼泽，优势植物有苔草，其次有芦苇、香蒲。

泥炭藓沼泽即高位沼泽，主要分布在北方针叶林带，由于多水、寒冷和贫营养的生境，泥炭藓成为优势植物，还有少数的草本、矮小灌木及乔木能生活在泥炭藓沼泽中，例如羊胡子草、越橘、落叶松等。优势植物是泥炭藓属。

沼泽分布

世界沼泽分布

全世界沼泽（按泥炭层 30 厘米计）面积约 5 亿公顷，占陆地总面积的 3.35%。沼泽在世界上的分布，北半球多于南半球，而且多分布在北半球的欧亚大陆和北美洲的亚北极带、寒带和温带地区。南半球沼泽面积小，主要分布在热带和部分温带地区。

欧亚大陆沼泽分布有明显的规律性，因受气候的影响，在温凉湿润的泰加林地带沼泽类型多，面积大；第四纪冰川分布区，沼泽分布尤为广泛，而且以贫养沼泽为主，泥炭藓形成高大藓丘。泰加林带向北向南，沼泽类型减少，多为富养沼泽，泥炭层薄。

泰加林带以北的森林冻原和冻原，气候寒冷，为连续永久冻土区。冻原的地表因被冻裂、变形而分割为多边形沼泽。冻原的南半部和森林冻原的北半部有平丘状沼泽。在森林冻原带的南半部有高丘状沼泽，丘的高度可达数米。冻原带的沼泽面积较大，但泥炭层薄不足 0.5 米，多为苔草沼泽。

泰加林带以南的森林草原和草原地带，气候较干，没有隆起的贫养泥炭藓沼泽，有富养苔草沼泽、芦苇沼泽和小面积桤木沼泽。

北美洲寒温带的针叶林带，也有贫养沼泽，自纽约以北至加拿大纽芬兰的南部向西呈楔形延伸到五大湖以西明尼苏达州。森林带以北的冻原带，有冻结的"丘状沼泽"和"多边形沼泽"。针叶林带以南只有富养沼泽。

墨西哥湾和大西洋海滨平原以及密西西比河冲积平原上分布有富养的森林沼泽和高草沼泽。美国弗吉尼亚州东南部至佛罗里达有较多的滨海沼泽，其间北卡罗来纳州东北部到维尔日尼沿海平原上有著名的迪斯默尔沼泽，其中森林茂密，由第三纪残遗植物落羽松组成，泥

川北草地

炭层薄或不明显。在太平洋沿岸，山脉阻挡了潮湿海风，沼泽呈狭带状分布在沿海。从温哥华到阿拉斯加南部有贫养沼泽。阿拉斯加以北，主要是莎草科的蘸草和棉花莎草组成的沼泽。北美中部草原地带，气温干旱，沼泽分布极少。

热带地区，如印度尼西亚、文莱、沙捞越、马来西亚半岛、东新几内亚、印度、圭亚那、刚果河和亚马孙河流域、菲律宾等地也有相当数量的沼泽分布。有的沼泽中泥炭层也较厚，如在沙捞越和文莱由龙脑香科微白婆罗双为优势种组成的森林沼泽。泥炭可达 15 米，而且沼泽地表层呈穹状突起。

南半球陆地面积小，除热带地区沼泽外，仅在火地岛和新西兰、智利以及安地斯山有沼泽。

我国沼泽分布

中国幅员辽阔，自然条件复杂，沼泽类型众多，分布广泛。中国东半部气候温暖湿润，沼泽面积较大，类型多；西半部气候干旱，青藏高原气候高寒，因此，沼泽类型少，只有富养沼泽。

东半部临海，以辽阔的大平原和低山丘陵地形为主，从寒温带到热带都有沼泽分布。但类型从北向南减少，面积变小。

在森林带的兴安岭和长白山地，集中分布有贫养泥炭藓沼泽和多种富养沼泽如落叶松苔草沼泽、灌丛桦苔草沼泽、苔草沼泽等。

在亚热带山地分布有小面积贫养泥炭藓沼泽。温带平原地区有各种富养苔草沼泽和芦苇沼泽，前者多见于松嫩平原，后者多见于华北平原。

在黑龙江省三江平原，沼泽最为集中，分布面积广大，主要是苔草沼泽和小面积芦苇沼泽。

在亚热带平原，只有富养沼泽，主要是芦苇沼泽和小面积苔草沼泽。

热带的低山丘陵、河谷中也有富养沼泽，但分布零星，面积很小。如云南南部的卡开芦苇沼泽，泥炭层厚达 1 米余；雷州半岛有岗松、鳞子莎沼泽，但泥炭层薄，小于 1 米。

处在温带的长白山地和大兴安岭，沼泽的分布尚有垂直分异现象。在长白山地海拔 550 米以下，以富养草本沼泽为主；550～1200 米以森林沼泽为主，有富、中养沼泽，熔岩台地尚有贫养沼泽；1200 米以上为火山锥体，不利于沼泽发育。

中国的苔草沼泽植物，在温带为臌囊苔草；在南亚热带为绿穗苔草；在青藏高原为木里苔草等。

沼泽生态

沼泽里的植物茂盛，一般是挺水植物偏多，草的高矮根据不同地理气候条件决定：纬度较高地区的沼泽草比较高，纬度较高地区的沼泽草较矮，甚至很大部分是苔藓。荷花、莲花也是沼泽湿地的常见植物，它们就属于挺水植物。一些喜湿和耐涝的树种会在沼泽里长得很大，一个明显特征是它们的根基往往很粗。另外沼泽中还生活着多种动物，形成了不同类型的生物群落。

沼泽植物生活型

沼泽植物生长在地表过湿和土壤厌氧的生境条件下，其基本生活型以地面芽植物和地上芽植物为主。密丛型的莎草科植物如苔草属、棉花莎草属，嵩草属等占优势，用地面芽分蘖的方式，适应于水多氧少的环境，并形成不同形状的草丘：点状、团块状、垄岗状、田埂状等。后三种草丘的形成，除与组成植物的生物学特征有关外，还与冻土的融蚀有关。它们是形成泥炭的主要物质来源。此外，沼泽植物一般茎的通气组织发达，这也是对氧少的适应。

森林沼泽中有高位芽和地上芽的乔木和灌木。贫养沼泽中乔木发育不良，孤立散生，矮曲、枯梢，生长慢，形成小老树。如中国兴安岭的沼泽中，树龄150年的兴安落叶松树高才4.5米；北美的北美落叶松，树龄150年，树高仅30厘米。灌木有桦属、柳属。小灌木有杜香属、越橘属、地桂属、酸果蔓属、红莓苔子属等。它们在贫养沼泽中，往往形成优势层片，种类多，盖度大。

在中养和贫养沼泽中，地面芽苔藓植物种类多，盖度大，常形成致密的地被层和藓丘。其中以泥炭藓最发达。泥炭藓丘高度不一，中国和日本的藓丘一般较矮，小于0.5米，欧洲和北美的稍高。

在沼泽地中生长的灌木

沼泽植物生态类型

根据沼泽水和泥炭的营养状况的不同，沼泽植物分富养植物和贫养植物。在以地下水补给为主的营养较丰富、灰分含量较高的条件下生长的植物，称为富养植物。如芦苇、苔草、桤木、落羽杉等；在以大气降水补给为主的营养贫乏、灰分含量较少的条件下生长的植物，称为贫养植物。贫养植物对恶劣环境具有特殊的适应性：有的植物顶端具有不断生长的能力，如泥炭藓和桧叶金发藓，有的植物具有生长不定根的能力，如圆叶茅膏菜，因此它们能从沼泽表面吸收养料和水分。有的沼泽植物具有旱生结构，如叶片常绿，革质，

猪笼草

有绒毛等，这样可以防止水分过分蒸腾，也是对强酸性基质的适应。沼泽中还有营动物性营养的捕虫植物，利用叶片上的腺体，消化动物的蛋白质，以弥补营养不足。中国有多种茅膏菜和猪笼草，北美有瓶子草和捕蝇草，南美火地岛则有茅膏菜和捕虫菜。

沼泽动物

不同类型的沼泽栖居着不同的动物。富养沼泽，尤其是湖滨附近的沼泽，动物种类丰富，有哺乳类、鸟类、爬行类、两栖类、鱼类和无脊椎动物、昆虫等。哺乳类以水獭、水田鼠、水鼩为代表。鸟类最多，有多种鹬类、涉禽类的鹤和鹭、游禽类的鸭和雁、猛禽类的沼泽鹞等。两栖类有蟾蜍和青蛙，爬行类有蛇，还有多种鱼类，在水中有双翅类的幼虫等。

草本沼泽中通常动物较多，如田鼠和麝鼠，土壤中有寡毛类、蜘蛛和

线虫。线虫在嫌气条件下从植物的通气组织获得氧，甚至在无氧条件下也能生存。

木本沼泽的动物主要是鸟类和过境的哺乳类，如熊、鹿、狼等。森林沼泽的土壤动物有寡毛类、双翅类的幼虫以及线虫等。

泥炭藓沼泽无掩体，土壤呈强酸性，营养贫乏，故动物少，但可见到无脊椎动物的弹尾类、蜘蛛和蜱螨等。

沼泽里的鹤

沼泽生物群落

沼泽生物群落因不同部位所受光、热和湿度、空气、基质等的影响不同，呈分层现象，由地面上不同高度直至土层的不同深度具有不同的结构和组成。

森林沼泽化形成的沼泽，结构较复杂。富养森林沼泽的地上部分有喜光的乔木层，喜阴耐湿的灌木层，喜湿的草本层。草本层中草丘发达。地下部分由枯枝落叶层和泥炭层（有活根）组成。

贫养森林沼泽的植物种类少，结构较简单，地上部分由稀疏乔木形成疏林，林下为喜湿耐酸的小灌木层和泥炭藓层，泥炭藓掩埋部分或全部草丘，有时没有乔木。地下部分有泥炭层（含有少数活根）。

中养森林沼泽属于上述两类沼泽之间的过渡类型。植物种类丰富，贫养和富养植物都有，因而结构较为复杂。地上部分有乔木层、灌木层、小灌木层、草木层、藓类地被层，没有藓丘。地下有泥炭层（含有活根）。

湖泊形成的沼泽，初期时，植物依水的深度和光照条件，从湖岸向湖心呈水平带状分布，分苔草植物带、挺水植物带、浮水植物带和沉水植物带，前两带组成沼泽。发育至中养阶段时，湖面出现苔草和泥炭藓层。贫养沼泽阶段，湖盆堆满泥炭，湖面以泥炭藓层为主，地表隆起。

东北草甸

草甸沼泽化形成的草丛沼泽，随水文状况不同，而有草丘和丘间湿洼地之分。丘上潮湿，植物丰富，苔草为优势种（在高山和高原以嵩草为主）。其间夹有杂类草，丘间洼地积水，生长喜湿植物。地下部分有草根层和泥炭层（中有少数活根）。

欧洲尚有各种高（贫养）、低（富养）位镶嵌沼泽。泥炭丘岗可高达数米，生长泥炭藓、地衣和小灌木；湿洼地有莎草科等有花植物和苔藓。

沼泽生产力

作为生态系统的沼泽其能流过程与其他生态系统的主要不同之点是植物残体不能完全分解，一部分在嫌气条件下，以半分解状态形成泥炭，以泥炭形式将能量储存于地下。

不同沼泽类型的生物量和生产量不同。富养沼泽营养丰富，生产量较高；贫养沼泽营养缺乏，限制了植物生长，其生产量也低。群落结构较复杂的森林富养沼泽和中养沼泽的生产量高，结构简单的无林的各种沼泽的生产量低。

　　泥炭藓的生产量因地而异。阿拉斯加的贫养泥炭藓沼泽中，泥炭藓的年生产量为 150～180 克/平方米。中国小兴安岭贫养兴安落叶松泥炭藓沼泽中，泥炭藓年生产量 150～153 克/平方米。欧洲的褐色泥炭藓在垄岗上年生产量为 380～410 克/平方米，在湿洼地为 300 克/平方米。而且泥炭藓种类不同，其生产量也不同。泥炭藓生产量在贫养沼泽中的中心部位比周缘部位大，因此沼泽体呈凸形。

　　草本沼泽中，芦苇沼泽的生产量高，但受气候和水文条件的影响，产量不稳定。中国新疆的博斯腾湖的芦苇高达 3～5 米，年产且达 3.3～15 吨公顷，而辽河口盘锦的芦苇沼泽产量仅 2.25～11 吨/公顷。苔草沼泽每年生

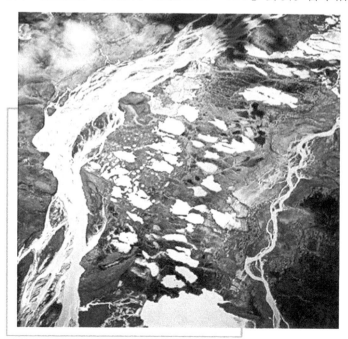

阿拉斯加沼泽地

产量为 15.86 吨/公顷，低于芦苇沼泽。

沼泽中许多灌木的浆果可食，如笃斯越橘、蓝靛忍冬、桑悬钩子、越橘、毛蒿豆等。但它们的生产量受气候影响变动较大，干旱年份或果实形成期气候炎热，产量降低。

沼泽中生物量的基本成分是植物量，动物生产量小。富养云杉草本沼泽中的土壤动物的生物量为 17 克/平方米，贫养小灌木、泥炭藓沼泽中，为 1 克/平方米左右。通常沼泽中有大量泥炭物质，是沼泽生态系统中的能量"仓库"。根据碳 14 测定，中国小兴安岭更新世的贫养兴安落叶松泥炭藓沼泽，中全新世（近 6000 年前）的泥炭，每年积累速度为 0.2 毫米；中西伯利亚高原，全新世泥炭每年积累速度为 0.5～0.6 毫米。1972 年曾测定加拿大马尼托巴州沼泽，那里每年泥炭积累厚度为 0.414～0.219 毫米，年堆积量为 30.3～51.7 克/平方米。

沼泽天气

沼泽的天气情况跟沼泽所处的地理位置有关。像东北三江平原的沼泽和黄河三角洲的沼泽的天气状况一般和当地天气一致。如果在秋冬季，容易下雾，夏天的雾有时是沼气，而不是雾，容易让人中毒。有些沼泽地在山脚或者山谷中，下雾是一年四季常有的事情。沼泽起雾和植物关系不大，但是像泥沼地，那就关系较大了。因为有植物分解产生的气体，所以那种沼泽也是对人和动物危险最大的。

泉水趣谈

地下水的天然露头成为泉。泉水为人类提供了理想的水源，同时也能构成许多观赏景观和旅游资源，如理疗泉、饮用泉等。我国泉的总数达到10万多处，分布十分广泛，种类也非常丰富，各地名泉不胜枚举。

泉 的 种 类

按照化学成分，水的温度和渗透压以及酸碱度，泉可以分为下面种类：

（1）冷泉：一般以水质清醇甘甜而供饮用或作为酿酒的水源。历史上曾经将镇江中冷泉、北京玉泉、济南趵突泉、江西庐山谷帘泉命名为天下第一泉。此外镇江金山泉、杭州虎跑泉等，也在名泉之类。济南号称有七十二泉，故有泉城美誉。

（2）矿泉：有一定数量的化学成分、有机物或气体，或具有较高的水温，能影响人体生理作用的泉水。温泉水水温在34℃以上。我国历史上原有和新近开发的温泉和矿泉旅游疗养胜地很多。如北京小汤山温泉，辽宁鞍山汤岗子温泉，西安郦山温泉，云南安宁温泉，广东从化温泉，广西陆川温泉，重庆南、北温泉以及台湾北投温泉、阳明山温泉等。五大连池药泉以其独特的理疗效用成为我国著名的矿泉理疗康复旅游区。

（3）观赏泉：有观赏价值的泉。如云南大理蝴蝶泉，每年农历四月二十五日有幸可以观赏到蝴蝶盛会，无数色彩斑斓的蝴蝶首尾相接，从蝴蝶树上直垂水面。此外，杭州和济南的珍珠泉、广西桂平乳泉、四川广元羞泉以及西藏爆炸泉等都是著名的观赏泉。

天下第一泉——趵突泉

趵突泉位于济南市区，有"天下第一泉"之称。在略呈方形的泉池中，三股清泉自地下涌出，涌水量达 1.6 立方米/秒，水温常年在 18℃左右。趵突泉与其附近的金线泉、漱玉泉、柳絮泉、马跑泉、皇华泉、卧牛泉等共同组成了趵突泉群。

184

趵突泉

江苏镇江中泠泉

中泠泉位于江苏省镇江金山以西的石弹山下，又名中零泉、中濡泉、中泠水、南零水。据唐代张又新的《煎茶水记》载，与陆羽同时代的刘伯刍，把宜茶之水分为七等，称"扬子江南零水第一"。这南零水指的就是中泠泉，说它是大江深处的一股清洌泉水，泉水清香甘洌，涌水沸腾，景色壮观。唯要取中泠泉水，实为困难，需驾轻舟渡江而上。清代同治年间，随着长江主干道北移，金山才与长江南岸相连，终使中泠泉成为镇江长江南岸的一个景观。在池旁的石栏上，书有"天下第一泉"五个大字，它是清代镇江知府、书法家王仁堪所题。池旁的鉴亭，是历代名家煮泉品茗之处，至今风光依旧。

浙江杭州虎跑泉

虎跑泉位于西湖之南，大慈山定慧禅寺内，距市区约 5 千米。相传唐代有个叫寰中的高僧住在这里。后因水源缺乏准备迁出。一夜，高僧梦见一神仙告诉他：南岳童子泉，当遣二虎移来。第二天，果真有二虎"跑地作穴"，涌出泉水，故名"虎跑"。虎跑泉水从石英沙岩中渗过流出，清澈见底，甘洌醇厚，纯净无菌，饮后对人体有保健作用，被誉为"天下第三

虎跑泉

泉"。杭州有句俗话："龙井茶叶虎跑水"，龙井茶和虎跑水素称"西湖双绝"。在此观泉、听泉、品泉、试泉，其乐无穷。虎跑泉附近还有滴翠轩、叠翠轩、罗汉堂、钟楼、碑室、济公殿、济公塔、虎跑梦泉塑像、弘一法师（李叔同）之塔等众多景点。

江苏无锡惠山泉

惠山泉位于江苏无锡惠山寺附近，原名漪澜泉。相传为唐朝无锡县令敬澄派人开凿的，共两池，上池圆，下池方，故又称二泉。由于惠山泉水源于若冰洞，细流透过岩层裂缝，呈伏流汇集，遂成为泉。因此，泉水质轻而味甘，深受茶人赞许。唐代刑部侍郎刘伯刍和"茶神"陆羽，都将惠山泉列为"天下第二泉"。自此以后，历代名人学士都以惠山泉沏茗为快。唐武宗时，宰相李德裕为汲取惠山泉水，设立"水递"（类似驿站的专门输水机构），把惠山泉水送往千里之外的长安。宋徽宗赵佶更把惠山泉水列为贡品，由两淮两浙路发运使按月进贡。

捷克的卡罗维瓦里温泉

中世纪以来，欧洲的有钱有闲人就热衷于接受矿泉治疗，捷克当然也不例外。其中最著名的温泉胜地就非卡罗维瓦里莫属了，号称是全捷克最大的温泉乡。卡罗维瓦里是14世纪时当时罗马皇帝查理士四世在打猎时所发现。17世纪时已有10000人次来此接受温泉治疗，成为当时首屈一指的温泉疗养中心。

卡罗维瓦里温泉

法国的埃维昂依云温泉

依云同样是一个为广大中国游客所熟悉的品牌。这座著名的水城曾在诗歌中被誉为"莱芒湖之珠",每年都有来自世界各地的游客来到这里,享受此地温和的气候。除了为人们熟知的依云矿泉水外,两个多世纪以来的冷水沐浴疗养法也造就了依云独特的沐浴文化。

中国台湾的知本温泉

温泉、瀑布、森林,山水林木,共同组合成台东知本温泉风景区。这里有全台湾蕴藏最丰、质地最优的温泉,是世界级温泉胜地。知本温泉源自于知本溪岸。远在 1917 年时，当地的卑南族原住民，在知本溪河床掘地准备耕种时，发现有蒸气热力由地底冒出，前往沐浴浸泡时，发现对皮肤病及各种创伤颇有疗效，因而称之为"神水"。此后，原住民常结伴掘泉露天洗浴，甚至于溪岸搭盖茅屋使用。日本占领时期，开始在知本温泉建造公共浴场和宾馆。1981 年以后，陆续有民间投资，增建新颖的观光大饭店，都以"温泉"为号召，成为台湾著名的风景。

知本温泉

有马温泉

有马温泉是关西地区最古老的温泉，是在 8 世纪由佛教僧人建造的疗养设施；位于兵库县神户市北区有马町，素有"神户之腹地"之称，是日本三大名泉（下吕温泉、草津温泉）之一。有马温泉的水质富涵矿物质，泉水中含有约为海水 2 倍浓度的铁盐泉，有泉色似铁锈红的"金泉"和无色透明碳酸泉的"银泉"。

金泉含铁强盐泉，水温 90℃以上、对风湿病、神经痛、妇女病、肠胃病具有一定疗效；银泉的水温 50℃左右，含碳酸泉和放射能泉，银泉对慢性消化系统疾病、慢性便秘、痛风具有一定疗效。由于有马温泉的泉质略有咸味，传言古代的武士如果受伤后，在此地浸泡，也会使伤口较易复原。

根据作为有马温泉的守护神而名气很大的汤泉神社的起源记载，最早发现泉眼的是远古时代的大已贵命和少彦名命二柱神仙。据传此二神造访

有马温泉

有马时，见到三只受伤的乌鸦在一水洼洗浴，数日后其伤竟不治自愈。此水洼就是温泉。

釜谷温泉

　　韩国最有名的温泉——釜谷温泉，位于德严山麓，温度高达 78℃，可以将生鸡蛋烫至半熟。釜谷温泉是典型的硫磺温泉，除了硫磺外，温泉中还有含有硅、氯、钾、铁等 20 多种矿物质，对呼吸系统疾病、神经痛、风湿、

釜谷温泉

皮肤病、冻伤、瘀青、痱子等具有疗效。1977 年被指定为国民观光地，1997 年 1 月又以观光特区的身份，成为韩国的最佳温泉。由于这里的地形，像一口锅子，所以被称为"釜谷"。

大棱镜泉

被誉为"地球最美丽的表面"的大棱镜泉，是美国第一大、世界第三大温泉，位于黄石国家公园内，面积约 6968 平方米，水深约 48.8 米，是黄石公园中最大的温泉。该温泉最突出的特点就是它的颜色变化：由绿色到鲜红再到橙色。温泉水中富含矿物质，使得水藻和菌落中带颜色的细菌在水边得以生存，从而呈现了这些色彩。温泉中心地带由于高温没有生物生存。从里向外呈现出蓝、绿、黄、橙、橘色和红色等不同颜色。据说这是因为地下水从地层裂缝冒出来后，各种矿物质经氧化反应，以及水中栖息在不同温度的不同光合的细菌生息，使泉水产生出宝石般色彩斑斓的丰富变化。从栈道上看过去，蓝莹莹的泉水深不见底，弥漫池面的水雾随风涌动，泉水不断地从池子里溢出来，缓缓地漫过池畔，流向低地。泉水里丰富的矿物质把池子周围砌出一波一波交错纵横的纹理，渲染出一片一片浓艳欲滴的

大棱镜泉

色彩，倒映着蓝天白云，就像是一块巨大的经过打磨的大理石。

猛犸温泉

美国黄石国家公园还有另外一个温泉，叫做猛犸温泉。它是世界上已知的最大的碳酸盐沉积温泉。猛犸温泉内有一个名为密涅瓦梯台的温泉，该温泉的热水流出后被冷水冷却，水中的碳酸盐沉淀了下来，历经数千年形成了层层叠叠的梯台。每天有两吨含碳酸盐的泉水流入猛犸温泉内。

猛犸温泉

德尔达图赫菲温泉

瑞克霍斯达鲁市的德尔达图赫菲温泉是冰岛最大的温泉，水温最高达97°C。同时它也以水流速度快而出名，达 180 升/秒，是欧洲水流速度最快的温泉。它的一部分水，用于向 34 千米外的波加内斯和 64 千米外的阿克兰斯两市供热。

格伦伍德温泉

格伦伍德温泉位于美国科罗拉多州，那里有世界上最大的天然温泉游泳池。泉水流速为 143 升/秒。你可以在这个大游泳池中畅游或者只是浸泡在富含矿物质的水中。无论作何选择，都会是一种难忘的经历。

格伦伍德温泉

地狱谷温泉

地狱谷温泉已被日本当地的雪猴占据，除非你愿意与它们共浴，不过欣赏一下壮观的温泉景象也很不错。它位于日本长野县的地狱谷猿猴公园内，有100多只短尾猿在此安家落户。温泉处于地狱谷中，之所以这么称呼是因为那里有火山喷发。

杭州龙井泉

龙井在杭州西湖西南，位于南高峰与天马山之间的龙泓涧上游分水岭附近。这里山色清秀，泉水淙淙，林木茂密，环境幽静，是西湖外围一处闻名遐迩的风景游览地。

龙井一带大片出露的石灰岩层都是向着龙井倾斜，这样的地质条件，给地下水顺层面裂隙源源不断地向龙井汇集创造了有利的因素。在地貌上，龙井恰好处于龙泓涧和九溪的分水岭垭口下方，又是地表水汇集的地方。龙井西面是高耸的棋盘山，集水面积比较大，而且地表植物繁茂，有利于拦蓄大气降水向地下渗透。这些下渗的地表水进入纵横交错的石灰岩岩溶裂隙中，最终便沿着层面裂隙流下龙井，涌出地表。由于龙井泉水的补给来源相当丰富，形成永不枯竭的清泉。

此处由于龙井泉水来源丰富，而且有一定的水头压力，具有一定流速流入龙井，井池边形成一个负压区，原井池中的水在满溢出前，先要向负压区汇聚，由于表面张力的作用，负压区上方的水面前就微微高起，与负压区之间形成一个分界，这就是奇特的龙井"分水线"，似把泉水"分"

杭州龙井

成两半，雨后由于泉水补给量大，这现象更加明显。

蓝泻湖

蓝泻湖是冰岛最大的旅游胜地，由部分火山熔岩形成，热气腾腾的水流入其中，水温约57.8℃。湖水富含硅、硫等矿物质，牛皮癣等皮肤病患者常来这里浴疗。在冰岛西南部的雷克雅半岛上的熔岩区有温泉浴场，距首都雷克雅未克约38.6千米。温泉提供游玩之外，还经过换热器处理后为周围的居民提供热水，同时，温泉附近熔岩流制造的大量热水和蒸汽还被地热发电厂用来涡轮发电。

千年水温不变的 Snorralaug 温泉

位于冰岛的草地山丘上的 Snorralaug 温泉最早是由一位名叫 Snorri Sturlusson 的政界元老利用冰岛地热能源修建。圆形的温泉池宽约 5 米，上面铺着灰色和褐色的玄武岩砖。从 Snorri 第一次将脚趾伸入这里的水中探试到现在已经有 1000 多年的时间了，神奇的是，现在这个温泉的水温还仍然保持与 1000 多年前一样。

Snorralaug **温泉**

资源与祸患

　　水在自然环境和社会环境中，都是极为重要而活跃的因素。山清水秀，鸟语花香，风调雨顺，五谷丰登，是人类追求向往的美境，也是人类劳动创造和精心爱护的硕果。水在不停地运动，在人体里、在农田、在工厂，使世界充满生机和活力，污物被水流带走，稀释了、化解了，又被大自然净化了。但是，水多了、水少了、水脏了，也会造成极大的不和谐。江河横溢，陆地行船；赤地千里，禾苗枯槁；水体腐臭，疮痍满目，都是我们不愿看到的，但是又总围绕着我们，需要我们认真地对付。

盘 点 储 量

　　世界上水的总储量约有 14 亿立方千米，平铺在地球表面上约有 3000 米高。地球表面 70% 被水覆盖，因此有人把地球说成是蓝色星球，又叫水球。地球上的水 97.2% 的水都分布在大洋和浅海中，这些咸水是人类无法直接利用的（要利用就要海水淡化，成本高）。陆地上两极冰盖和高山冰川中的储水占总水量的 2.15%，目前也无法直接利用。余下的 0.65% 才是人类可直接利用的。从数字上可看出，水是丰富的，但可利用的淡水资源是极其有限的。若把一桶水比为地球上的水，可用的淡水只有几滴。

　　我国水资源总储量约 2.81 万立方米，居世界第六位，但人均水资源量不足 2400 立方米，仅为世界人均占水量的 1/4，相当于美国的 1/5，俄罗斯的 1/7，加拿大的 1/48，世界排名 110 位，被列为全球 13 个人均水资源贫乏国家之一。全世界有 60 多个国家和地区严重缺水，1/3 的人口得不到安全用水。20 世纪 90 年代初，我国 476 个城市中缺水城市近 300 个。

世界水资源指标排序：

（1）水资源量前 10 名

巴西、俄罗斯、美国、印尼、加拿大、中国、孟加拉国、印度、委内瑞拉、哥伦比亚；

（2）人均水资源量后 10 名

科威特、利比亚、新加坡、沙特阿拉伯、约旦、也门、以色列、突尼斯、阿尔及利亚、布隆迪；

（3）用水量前 9 名

中国、美国、印度、巴基斯坦、俄罗斯、日本、乌兹别克斯坦、墨西哥、埃及；

（4）人均用水量前 8 名

土库曼斯坦、乌兹别克斯坦、吉尔吉斯坦、塔吉克斯坦、阿塞拜疆、巴基斯坦、美国、阿富汗；

（5）人均年用水量后 10 名

所罗门群岛、海地、刚果共和国、赤道几内亚、几内亚比绍、刚果（金）、布隆迪、乌干达、中非共和国、贝宁。

据统计，全世界人口的 1/5，即 11 亿人目前得不到安全的饮用水，另有 24 亿人缺乏良好的卫生设施。每年有 500 万人因此丧生，其中每 15 秒钟就有 1 名儿童死亡。

在 20 世纪，世界上一半的湿地永远消失，而地下水资源因受到污染或者被过度开采而枯竭殆尽。水资源危机正威胁着世界上的每一个国家和地区。比如，英国已经成为欧洲水资源危机最严重的国家。

引起的灾害

水资源的问题已经威胁到了整个世界，在 2007 年发生的 10 件大的自然灾害中就有 3 件和水有关的，其中以南亚洪水和美国南部大旱较为严重。

南亚洪水

常年遭受季风雨影响、人口达到数十亿的南亚，总是在缺水和水量过多之间艰难前行。2007 年夏季南亚遭到了洪水袭击。7 月和 8 月间，印度南部、尼泊尔、不丹和孟加拉国出现的一系列反常季风雨引起洪水泛滥，联合国儿童基金会称："这是现有记忆中最糟糕的一次洪水。"到 8 月中旬，这一地区已经转移了大约 3000 万人，可能有 2000 多人被洪水夺走性命。据估计，这次洪水造成至少 1.2 亿美元的经济损失，但是与这一地区受到的贫穷影响相比，这场猛烈的洪水造成的影响更小。

美国东南部大旱

水资源专家喜欢将干旱称为自然灾害中的"罗德尼·丹泽菲尔德"，意指它得不到重视。但是 2007 年席卷美国东南大部分地区的长期干旱引起了美人的重视。佐治亚州和几个邻近的州通常是满眼翠绿，但是现在这些地区正遭受着有史以来最严重的干旱。在美国都市化增长最快的亚特兰大的一个地区，目前剩下的水仅够用 3 个月。随着干旱进一步恶化，水供应下降导致佛罗里达，佐治亚和阿拉巴马州之间发生严重的法律纠纷。人们从 2007 年的干旱中得到的最大教训是：水可能比能源或石油更加重要。

除此之外水危机还表现在水土流失和荒漠化上。据统计我国水土流失和荒漠化现象已相当严重。目前，全国水土流失面积已达 367 万平方千米，占国土总面积的 38.2%。1957 ~ 1990 年，短短几十年间，长江流域水土流失面积竟增加了 56.6%，长江快变成第二条黄河了。全国荒漠化面积已达到 262.2 万平方千米，占国土总面积的 27.3%，而且荒漠化土地面积仍以每年 2460 平方千米的速度在扩展。另据世界银行环境经济专家的一份报告：中国环境污染的规模居世界首位，全球空气污染最严重的 20 个城市就有 10 个在中国。

由此可见水危机已经变成了刻不容缓的全球性问题。

解决措施

鉴于此情况，人们试图通过以下方式来解决水资源匮乏的情况：

（1）建造水库：建造水库调节流量，可以将丰水期多余水量储存在库内，补充枯水期的流量不足及污水处理厂的不足。不仅可以提高水源供水能力，还可以为防洪、发电、发展水产等多种用途服务。目前，各国在江河上建造的污水处理厂库容积超过 1 亿立方米水库共有 1350 个，总蓄水量达到 4100 立方千米。

然而，在很多工业发达污水处理网国家，随着建库地址的选择日益困难，增加新蓄水设施的成本迅速提高，水库发展的速度明显减慢了。发展中国家的污水处理厂和水库建造仍处于全盛时期。在建库时，还必须研究对流域和水库周围生态系统的影响，否则会引起不良后果。

（2）跨流域调水：跨流域调水是一项耗资昂贵的增加供水工程，是从丰水流域向缺水流域。由于其耗资大、对环境破坏严重，许多国家已不再进行大规模的流域间调水。巴基斯坦的西水东调工程和澳大利亚的雪山河调水工程以及我国近年来相继完成的引黄济青、引滦入津和引滦入唐等工程都是从丰水流域向缺水流域供水的大工程，我国的南水北调工程也已开始运作。

（3）地下蓄水：目前，已有 20 多个国家在积极筹划人工补充地下水。在美国，加利福尼亚州的地方水利机构每年将 25 亿立方米左右的水贮存于地下。污水处理方案到 1980 年，该州已有 3450 万立方米的水贮存在两个水利工程项目的示范区内；其单位成本平均至少比新建污水处理加药地表水水库低 35% ~ 40%。美国国会于 1984 年秋通过立法，批准西部 17 个州兴建蓄水层回灌示范工程。在荷兰，实现人工补给地下水后，解决了枯水季节的供水问题，每年增加含水层储量 200 万~300 万立方米。

（4）海水淡化：海水淡化可解决海滨城市的淡水紧缺问题。目前，世界海水淡化的总能力为 7 立方千米/年，不到全球用水量的 1/1000。沙特阿拉伯、伊朗等国家海水淡化设备能力占世界的 60%，在沙特阿拉伯还建造了世界上最大的淡化海水管道引水工程。

（5）拖移冰山：此工程在近期内还不可能实现，仍处于计划阶段。据估计，南极的一小块浮冰就可获得 10 亿立方米的淡水，可供 400 万人一年的用量。

（6）恢复河、湖水质：采用综合防治水污染的方法恢复河湖水质。即采用系统分析的方法，研究水体自净、污水处理规模、污水处理效率与水质目标及其费用之间的相互关系，应用水质模拟预测及评价技术采油污水处理，寻求优化治理方案，制定水污染控制规划。采用这种方法治理的河流，如美国的特拉华河、英国的泰晤士河、加拿大的圣约翰河等水质都得到恢复，增加了淡水供应。

（7）合理利用地下水：地下水是极重要的水资源之一，其储量仅次于极地冰川，比河水、湖水和大气水分的总和还多。但开发地下水的同时应采取以下保护措施：

①加强地下水源勘察污水处理厂招标工作，掌握水文地质资料，全面规划，合理布局，统一考虑地表水和地下水的综合利用，避免过量开采和滥用水；

②采取人工补给的方法，但必须注意防止地下水的污染；

③建立监测污水系统，随时了解地下水的动态和水质变化情况，以便及时采取防治措施。

节约用水从你我做起，我们青少年应该做到：

（1）要有惜水意识，长期以来，人们普遍认为水"取之不尽，用之不竭"，不知道爱惜，有的甚至将水白白浪费。应当知道我国水资源人均量并不丰富，地区分布也不均匀，而且年际差别很大，年内也变化莫测，再加上污染，使水资源紧缺，自来水更加来之不易。爱惜水是节水的基础，只有意识到"节约水光荣，浪费水可耻"，才能时时处处注意节水。

（2）养成好习惯。据分析，家庭只要注意改掉不良的习惯，就能节水70%左右。与浪费水有关的习惯很多，比如：用抽水马桶冲掉烟头和碎细废物；为了接一杯热水，而白白放掉许多冷水；先洗土豆、胡萝卜后削皮，或冲洗之后再择蔬菜；用水时的间断（开门接客人，接电话，改变电视机频道时），未关水龙头；停水期间，忘记关水龙头；洗手、洗脸、刷牙时，让水一直流着；睡觉之前、出门之前，不检查水龙头；设备漏水，不及时修好。

（3）使用节水器具。家庭节水除了注意养成良好的用水习惯以外，采用节水器具很重要，也最有效。为了省钱，很多人宁可放任自流，也不肯更换节水器具，其实，交这么多水费长期下来是更不合算的。使用节水器具，既省钱，还能保护环境，岂不是一举两得？节水器具种类繁多，有节水型水箱、节水龙头、节水马桶等。随便用上几个就为节水做出了不少贡献啊！

（4）查漏塞流。在家中"滴水成河"并非开玩笑。要经常检查家中自来水管路。防微杜渐，不要忽视水龙头和水管节头的漏水。发现漏水，要及时请人或自己动手修理，堵塞流水。一时修不了的漏水，干脆用总开关暂时控制水流也好。管好水龙头，把水龙头的水门拧小一半，漏水流量自然也小了，同样的时间里流失水量也减少一半。